基于车载遥测技术的北京及京津冀大气面源污染源排放特征研究

汪光焘　李　昂　党　冰　胡肇焜　房小怡　著

U0195059

中国城市出版社

图书在版编目（CIP）数据

基于车载遥测技术的北京及京津冀大气面源污染源排放特征研究 / 汪光焘等著. -- 北京 ：中国城市出版社，2024. 9. -- ISBN 978-7-5074-3764-5

Ⅰ. X51

中国国家版本馆 CIP 数据核字第 20241DV396 号

本书是作者研究课题的总结。全书的数据翔实，资料丰富，逻辑清晰，内容可读性强。

本书共包括 4 章内容和书后的附录，4 章内容分别是：绪论，基于车载 DOAS 的面源排放监测方法，京津冀大气面源污染分布及排放特征，车载 DOAS 的面源排放通量测量及误差研究。附录是车载光学遥测系统监测区域污染面源技术导则。

本书适合气象专业、环境专业的相关人员阅读使用。

责任编辑：张伯熙
责任校对：赵　菲

基于车载遥测技术的北京及京津冀大气面源污染源排放特征研究

汪光焘　李　昂　党　冰　胡肇焜　房小怡　著

＊

中国城市出版社出版、发行（北京海淀三里河路 9 号）

各地新华书店、建筑书店经销

北京科地亚盟排版公司制版

建工社（河北）印刷有限公司印刷

＊

开本：787 毫米×1092 毫米　1/16　印张：11¾　字数：224 千字

2024 年 10 月第一版　　2024 年 10 月第一次印刷

定价：**50. 00** 元

ISBN 978-7-5074-3764-5

(904576)

序

　　中国大气环境污染呈现出区域性、复合型污染特征，京津冀地区作为经济发展最活跃的地区之一，大气污染问题尤为突出。要了解造成大气污染的前因后果并有效控制，需要对各类污染源，尤其是区域面源排放进行快速、动态、有效监测，从而建立大气主要污染物的区域面源排放清单。目前主要依靠污染源调查统计、卫星数据、模型计算等方法获取区域面源排放清单，但也存在时间滞后、分辨率低等问题，使得区域面源排放清单的获取难题一直未得到有效解决。

　　由北京市建筑高能效与城市生态工程技术研究中心组成的研究团队，已在相关领域开展研究。该团队于2013年在北京市科委项目"生态城市建设的环境绩效评估研究"中提出了四大系统，即土地、水、局地气象和大气环境、生物多样性，建立了生态城市建设的环境绩效评估方法，推动了生态城市的科学建设，推动了区域环境的持续改善，有关上述研究内容及研究成果，可参考《城市生态建设环境绩效评估导则技术指南》（该书在2016年由中国建筑工业出版社出版）。

　　局地气象和大气环境系统中包括大气污染物监测研究，在该项目中首次提出通过车载网格化移动观测的方法监测大气面源排放的思想。项目组以APEC举办地北京市怀柔雁栖湖生态示范区和广州市海珠生态示范区为研究区域，将该区域按城市功能划分为独立的8个网格，利用车载光学遥测技术移动监测并分析该区域各网格大气面源污染物分布及排放通量等特征。相关研究为车载光学实时移动监测大气面源的方法建立、技术形成、经验积累等方面奠定良好的基础。

　　该团队经过多年研究积累，不断改进方法、拓展创新，在北京市科学技术委员会（简称市科委）支持下，申请立项"基于车载光学遥测技术的北京及京津冀大气面源污染源排放特征研究"课题（Z161100002716028）。针对北京及京津冀地区面源污染源（以下简称面源）排放清单的获取问题，开展了基于车载光学遥测技术方法和北京及京津冀地区大气面源排放特征观测研究。重点突破了基于被动DOAS的大气污染物绝对垂直柱浓度获取方法、立体监测数据与风场数据耦合方法，以及对于面源的网格化观测方法，建立了基于车载光学遥测技术的面源气体分布及排放数据的获取方法，在开展示范观测的同时，研究面源排放特征，形成了采用国有自主知识产权监测设备的《车载光学遥测系统监测区域污染面源技术导则》，并通过专家组评审。研究结果不仅有助于认识污染源排放现状，有效弥补目前在污染源特别是面源清单监测技术上的不足，解决北京及京津冀地区面源排放获取的基础性科学问题。为定量获取面源、无组织源的排放，以及实时更新污染源排放清单提供了一种快速有效的光学遥测方法。

"基于车载光学遥测技术的北京及京津冀大气面源污染源排放特征研究"项目于2016年12月获北京市科委批准。2017—2018年，经历了技术方案研究阶段、技术方案修改完善阶段、技术指南论证阶段、特征分析阶段，研究团队以北京及京津冀为研究区域，不断完善技术及分析方法，最终达到可推广应用水平。

2017年1月至3月是技术方案研究阶段。2017年3月召开技术方案论证会，邀请了许建民、唐孝炎、彭公炳、赵思雄、柴发合、于建华、王晓云、王迎春、乔林等，来自环保、气象方面的多位院士、专家参会，包括对通量监测技术方案进行评估，专家组对该课题给予高度认可，并提出建议。

2017年4月至2018年1月是技术方案修改完善阶段。对北京市内不同功能区及京津冀不同方向通道车载DOAS走航观测，并对技术方案进行多次验证实验。2018年1月召开课题阶段成果专家汇报会，会议邀请洪钟祥、赵思雄、彭公炳、任阵海、王晓云、郎建垒6位院士、专家，对目前车载DOAS监测工作提出建议。

2018年1月至8月是技术指南论证阶段。2018年6月，在北京召开国际交流研讨会，会议邀请邵亚平、王长贵、王自发、王杨、柴发合、程水源等国内外专家做精彩报告，除此之外，彭公炳、崔伟宏、王晓云、毛其智、赵思雄、洪钟祥、陈军、李昕等专家参加会议。2018年8月，召开方法论证评审会，会议邀请许建民、洪钟祥、赵思雄、柴发合、程水源、虞统、王晓云7位专家，专家组一致认为该方法为目前面源监测问题提供了新的途径和方法，可供相关部门借鉴和参考。

2018年9月至12月是特征分析阶段。完成京津冀代表性地区面源分布及排放特征分析，形成特征分析报告。2018年11月16日，召开特征分析专家研讨会，会议邀请闫傲霜、彭公炳、洪钟祥、赵思雄、程水源、王自发、程颖、李昕8位院士、专家参加会议。

2019年2月，课题验收。北京市科委主持召开课题验收会，会议邀请王自发、岳涛、解强、马永亮、张研等专家。专家组审阅课题验收材料，听取课题组汇报，认为课题完成了任务书规定内容，达到既定的考核指标，验收材料齐全，一致同意通过验收。

经过两年的研究，课题提供了具有国有自主知识产权的高精准光学遥测设备与方法，并通过专家鉴定。目前上述一整套的仪器设备、方法、流程已经建立，并完成北京及京津冀典型区域观测和污染特征分析，未来将进行数据深度挖掘，细化特征分析；进一步加强成果转化，在相关部门开展示范应用；同时完善观测设备，增加更多大气组分的监测能力、集成现场三维风场模块等。希望有效弥补目前在准确、高时空分辨率污染源监测方法上的缺陷；发现城市环境存在的问题，为更精准的城市污染防治提出科学决策依据。课题专家组认为："课题建立的技术方法具有创新性和先进性。……有关交通污染的研究分析，建议结合城市交通治理现代化理论研究，深度挖掘高空实时监测数据，解析交通流运行状态与交通排放间的动态耦合关系，为城市低污染、可持续发展提供技术支持。"

在这次课题研究过程中，针对具有国有自主知识产权的高精准光学仪器的应用前景，对山东济南、广东深圳、四川达州、宁夏银川、浙江杭州等地和德国马克斯·普朗克科学促进学会进行了调研，就研究进展开展交流，让我们对研究的方法更具有信心。可喜的是，这次的技术方法研究成果，在近年来已成功应用于重点城市地区污染气体分布及传输通道特征研究、典型园区排放通量核算，以及国家重大活动期间空气质量监测及管控措施评估，为大气污染成因追溯、污染控制措施评估提供科学的监测数据和技术支撑。因此，借助本书出版的机会，将形成的采用国有自主知识产权监测设备的《车载光学遥测系统监测区域污染面源技术导则》附在书后，向大家推介，有利于推广应用，有利于在实践中提升完善。

项目研究的组织工作也值得大家进行交流。自 2008 年开展吐鲁番新能源城市以来组成的跨学科、跨部门、跨地区的团队，按照科技体制改革的要求，经北京市科委批准，成立了"北京市建筑高能效与城市生态工程技术研究中心"。由依托单位北京市建筑设计研究院股份有限公司和成员单位国际欧亚科学院中国科学中心负责组织和技术指导，由北京市气候中心和中国科学院合肥物质科学研究院承担具体监测和数据处理工作。课题参加人员包括：北京市建筑高能效与城市生态工程技术研究中心焦舰、郭惠平、高渝斐，国际欧亚科学院中国科学中心刘洪海、党凌燕，北京市气候中心房小怡、党冰，中国科学院合肥物质科学研究院李昂、胡肇焜等。可以看到这是一个综合性强的团队通力合作的成果。在此一并表示衷心的感谢！同时，十分感谢北京市政府、原北京市环保局、北京市气象局、北京市规划和自然资源委员会、北京市交通委、北京市公安交通管理局等部门大力支持。

这些研究工作仅仅是开始。将精细气象数值计算同先进环境监测技术相结合，获取大气面源排放特征的研究在污染源控制日益精细化的今天，仍需各学科、各方面参与，相信将大有可为。

汪光焘

前　　言

　　近年来，大气污染已成为影响我国国计民生、国际形象的重要问题，掌握大气污染物的排放规律是治理大气污染的根本。目前管理部门建立了由环境统计、污染源普查、排污申报、总量核查、重点源在线监测等组成的多来源环境数据体系，实现了重点污染源主要污染物排放量的动态核算和逐年更新。但由于现有技术在面源排放存在着获取困难、时间滞后及空间分辨率低等问题，使得动态面源排放的获取难题缺少有效解决方法。

　　针对区域面源排放特征的获取需求，在北京市科委项目"基于车载光学遥测技术的北京及京津冀大气面源污染源排放特征研究"（Z161100002716028）的支持下，课题组从方法学研究入手，在已有研究成果基础上通过凝练提升，制定了《车载光学遥测系统监测区域污染面源技术导则》，并选取淮南、北京、天津等地进行实验验证，建立数学模型，进行仿真验证，最终形成了基于车载差分吸收光谱技术的面源排放监测方法。该方法基于气象观测订正的多模式嵌套精细化三维风场数据获取，结合多角度观测的车载污染物垂直柱浓度的精确反演，在污染物柱浓度分布耦合风场数据的面源网格化排放通量测算方面取得突破，为解决目前面源污染监测问题提供了新途径和方法。在方法取得突破的基础上，课题组选取了京津冀地区开展示范观测实验。在获取观测期间的污染物（NO_2、SO_2、HCHO）柱浓度分布数据及气象数据的基础上，计算了各观测区域主要污染物面源污染排放通量，分析了京津冀地区污染物排放特征，最终完成京津冀代表性地区面源污染分布及排放特征研究。本研究成果可供监测及研究部门在开展区域大气面源污染排放通量监测时借鉴和参考。

目　　录

第 1 章

绪论

1.1　研究意义

　　京津冀地区作为我国经济发展最为活跃的地区之一，大气污染问题尤为突出，以 PM2.5 为特征的区域性复合型大气污染已导致京津冀大气污染"一体化"，使该地区成为全国大气污染严重的地区之一。研究表明：面源污染源（简称为面源，但书后附录内容仍使用全称）是包括细粒子在内的多种大气污染物的主要来源，要了解导致我国大气环境污染的前因后果，并有效地对其加以控制，需要对各类污染源的排放加以监测。建立大气主要污染物的排放清单是掌握污染源并进行污染模拟预测的基础，是环境决策和污染防治工作的根本。目前，环境管理部门建立了由环境统计、污染源普查、排污申报、总量核查、重点源在线监测等组成的多来源立体环境数据体系，实现了主要污染物排放量的动态核算和逐年更新，但由于现有技术在面源排放获取上存在着复杂、时间滞后及空间分辨率较低等问题，使得动态面源排放清单的获取难题一直没有得到有效解决。本研究为定量获取京津冀地区面源、无组织源的排放，以及为实时更新污染源排放清单提供了一种快速有效的光学遥测方法。研究结果有效地弥补了高时空分辨率污染源监测方法上的缺陷，不仅有助于研究人员认识污染源排放现状，为空气质量模型提供基础科学数据，更好地服务环境保护管理部门点源污染源（简称点源，但书后附录内容仍使用全称）和面源的监测需求，同时，也有助于加快光学遥感技术的推广应用，进而推动环境科学技术的创新和发展。

　　面源的清单表征通常优先使用自下而上的方式（物料守恒法、排放因子法等），针对缺乏详细排放信息的排放源，以自上而下的定量表征方式（卫星遥感为主）为补充，实现了区域面源排放量信息的获取，以此建立排放源清单。但由于不同地区之间社会、经济、环境保护事业等发展水平和统计口径的差异，面源清单定量表征方法的选取具有较强的区域性特征和难以评估的不确定性。同时，部分欠发达地区严重缺乏真实的基础统计数据，甚至存在大量的未知面源。相较于中国经济的快速发展，目前使用的面源清单基础数据却来自多年前，甚至更早以前。我国的模型研究人员目前还多是直接使用他国的面源清单处理系统，但需要对面源清单处理系统进行本地化的地理位置分配、时空特征修正等；在编制排放面源清单过程中，需要对快速动态更新机制进行研究，以满足大气化学模型对排放面源清单动态处理与更新的要求。

　　本书针对识别区域大气面污染物来源、利用空气质量模型研究区域大气污染形成机制、预警预报污染过程、制定污染控制对策等具有重要意义的高时空分辨率源排放清单的实时获取问题，研究了基于被动光学遥测技术的大气污染源网格化排放清单的快速获取方法，选取京津冀地区开展示范观测，研究京津冀大气面源污染分布及排放特征。

1.2　现状

近年来，信息技术、生物技术、新能源技术、新材料技术等交叉融合的跨学科整合技术正在引发新一轮科技革命，为大气污染科学研究和技术创新创造了新的机遇。其中，以光谱法为基础的光学和光谱学监测技术作为新兴的技术手段，以其无须预采样、可大范围多组分实时自动监测而成为环境污染监测的理想工具。目前，光学和光谱学技术成为对当前污染源排放进行常规在线监测的技术主流。美国国家环境保护局（EPA）制订了环境技术鉴定计划（ETV），旨在通过性能鉴定和信息发布，推动环境科学技术的创新和发展。美国国家环境保护局 2006 年也在 ETV 计划中出台了基于地基光学遥测方法非点源排放测量标准。

对于大气污染分布及排放，由于污染形成和演变主要存在大气层内对流层底，我国目前空气污染数据主要由城市地面空气质量监测站提供，不能提供充分的数据来说明空气污染的形成机制和污染物的动态时空演化过程，难以揭示污染的形成、来源、发展趋势等根本问题。对于区域的污染气体排放信息等，也只能通过物料平衡法进行统计计算，无法通过实际测量获得。

光学和光谱学遥感技术以其大范围、多组分检测和连续实时监测的特点，目前已经成为环境污染监测的理想工具。近年来，差分吸收光谱技术（DOAS）已经在大气环境监测领域得到了广泛应用。20 世纪 70 年代初为了研究大气对流层和平流层的 NO_2、O_3 而发展起来的被动 DOAS，将天顶太阳散射光作为光源，通过测量天顶紫外/可见吸收光谱研究整层大气中痕量气体的垂直柱密度和空间分布情况。20 世纪 90 年代初被动 DOAS 在移动平台对火山喷出的 SO_2 通量成功测量后，该技术在排放通量遥测方面的优势就显现出来。瑞典 Lund 技术研究所在 1992 年、1994 年和 1997 年使用意大利国家研究理事会（CNR）海洋科学考察船 Urania 号作为被动 DOAS 的移动平台，完成了对意大利埃特那火山、斯特龙博利火山和弗尔康火山喷出 SO_2 的野外通量测量。2001 年瑞典查尔姆斯理工大学无线电与空间科学系的耶尔（B. Galle）将微型紫外光纤差分光学吸收光谱仪（Mini-DOAS）安放在汽车上，对马萨亚火山（尼加拉瓜）和苏弗里耶尔火山（蒙特塞拉特岛）进行了一系列的 SO_2 通量测量，取得了相当不错的结果。2003 年，利用该技术首次发现了火山烟羽排放大量 BrO，这项研究工作成果被发表在 Nature 学术杂志上。基于火山排放监测的成功经验，国外也纷纷将该项技术应用到电厂、钢铁厂以及区域污染源排放通量的测量。德国海德堡大学、瑞典查尔姆斯理工大学、英国剑桥大学等都对这项技术开展了研究，如对德国大型化工企业 BASF 厂区的排放进行测量，2005 年查尔姆斯理工大学对瑞典戈特堡港尼亚尔夫斯堡电厂和印度海得拉巴工业污染面源的 SO_2、NO_2 排放通量进行测量。

在上述单光路被动 DOAS 的基础上，2001 年以来出现的多轴 DOAS 在天顶方向光路的基础上引入了多个离轴观测角度，增加了低层大气中的吸收光程，在结合辐射传输模型后能够获得对流层痕量气体的垂直柱浓度以及掌握垂直廓线信息。这项技术结合了前人研究成果的优点，又引入了几个新的概念：结合多个观测方向的测量，考虑多次散射辐射传输模型和气溶胶情况来研究对流层痕量气体。车载多轴 DOAS 最初是为了校验卫星数据，后来，这种技术也被用来估算城市 NO_x 的排放通量。

1.3　研究内容

针对京津冀地区面源排放清单的获取问题，开展基于车载光学遥测技术的京津冀地区大气面源排放特征研究。重点研究基于被动 DOAS 的大气污染物绝对垂直柱浓度获取方法、立体监测数据与风场数据耦合方法，以及对于面源的网格化观测方法，最终建立基于车载光学遥测技术的面源污染分布及排放数据的获取方法，并在京津冀区域开展示范观测，研究该区域面源排放特征。研究结果不仅有助于认识污染源排放现状，还能有效弥补目前污染源特别是面源清单监测技术上的不足，探索京津冀地区面源排放获取的基础性科学问题。研究内容与总体路线如图 1-1 所示。

1.3.1　基于车载 DOAS 的面源排放监测方法

1. 车载 DOAS 绝对垂直柱浓度的获取方法研究

通过对国内外文献梳理，为了获取污染物的绝对垂直柱浓度，确定采用车载 DOAS 观测方式，即采用天顶方向（90°观测）和一个离轴仰角（一般采用 30°或 20°等）进行移动观测，选用天顶方向的测量谱作为参考谱进行光谱数据反演。为了避免在移动观测方式下，由于气团的快速移动，常规固定点的数据反演方法产生的较大误差以及由于气溶胶和云的影响，对气体的反演产生一定的误差，对此分别采用低阶多项拟合和结合大气辐射传输模型的方式，来获取污染物的绝对垂直柱浓度。

2. 通量监测的方法评估

三维风场数据是通量计算精度的重要影响因素，发挥北京地区稠密地面气象观测优势，利用多年的国家级地面气象观测站资料作为基准，配以监测范围内多

图 1-1　研究内容与总体路线

站点的区域自动气象站局地观测，并利用风廓线雷达的风随高度变化关系，给出监测地点的水平和垂直风分布。将此结果作为初始场，输入到考虑精细化下建筑物和用地类型小尺度快速风场模式中，模拟出监测范围内的三维风场分布。在此基础上选择已知排放数据的点源，开展对比实验及通量计算的误差诊断，完成通量监测的方法评估。因此，拟租赁车载风廓线雷达用于不同典型区域三维风场观测；对于实验地点无气象探空站，使用车载风廓线雷达也无法到达的观测区域，需要使用便携式探空仪器观测和获取数据。

3. 构建面源排放监测的车载光学遥测系统

根据面源排放探测需求，对现有车载差分吸收光谱系统进行优化、升级，研发面源排放及立体分布观测的车载被动差分吸收光谱遥测系统。系统由四个部分组成：望远镜单元、光谱探测单元（光谱仪和CCD）、计算机光谱采集及扫描控制系统、自动数据处理软件。

1.3.2　京津冀大气面源污染分布和排放特征

选取北京代表性区域（北京环路、北京西站、国贸CBD、十里河建材城、雁栖湖生态示范区等）及京津冀重要输送通道（东、东南、西南、西北通道）开展示范观测实验，利用车载光学遥测技术动态、高分辨率获取面源排放量，研究北京及京津冀大气面源污染分布和排放特征。

第 2 章
基于车载 DOAS 的面源排放监测方法

本书针对高时空分辨率面源排放的实时获取问题，开展了基于被动光学遥测技术的大气污染源网格化排放清单的快速获取方法研究。重点开展了适用于车载观测平台的车载 DOAS 构建，基于车载光学遥测技术的污染物垂直柱浓度快速获取方法研究、精细化三维风场模拟研究，风场约束的蒙特卡洛空间条件模拟柱浓度区域分布重构算法及重构不确定性定量评估研究、污染物垂直柱浓度分布数据与风场数据耦合获取排放量方法研究。通过构建污染物扩散数值模型，验证了污染物浓度重构算法及其不确定性，验证了基于遥测数据的排放清单获取算法。通过在不同尺度、不同排放特征区域开展外场观测实验，同已有在线监测数据的排放源以及已知排放清单区域开展了排放源清单对比验证实验，最终建立基于车载差分吸收光谱技术的面源排放监测方法，见图 2-1。

图 2-1　基于车载差分吸收光谱技术的面源排放监测方法

2.1　车载光学遥测技术反演面源方法的建立

2.1.1　DOAS 原理

在给定波长 λ 下，当光通过厚度为 ds 的大气中的无限小空气时，如图 2-2 所示，强度为 I 的光衰减由式（2-1）给出。

$$dI(\lambda) = -I(\lambda) \cdot \sum_i c_i \sigma_i(\lambda) ds \qquad (2\text{-}1)$$

式中　$\sigma_i(\lambda)$——吸收截面；

　　　c_i——空气中第 i 个吸收体的浓度。

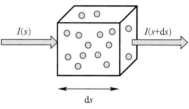

图 2-2　朗伯—比尔定律原理示意

截面的吸收结构取决于波长、压力和温度，单位为 $cm^2/molec.$。

对式（2-1）沿着光学路径积分即可以得到式（2-2），L 是由大气层顶部至观察者位置的积分，式（2-2）是我们熟悉的朗伯—比尔定律，其描述了通过吸收层中的入射光强度 $I_0(\lambda)$ 与透射光强度 $I(\lambda)$ 之间的关系，该公式也是整个吸收光谱学的基础。

$$I(\lambda) = I_0(\lambda) \cdot \exp\left(-\sum_i \int_0^L c_i \sigma_i(\lambda) ds\right) \qquad (2\text{-}2)$$

重新排列式（2-2），以获得透射光强度和入射光强度之比的对数，得到通常称为光学厚度的物理量，如式（2-3）所示。

$$\tau = \ln\left(\frac{I_0(\lambda)}{I(\lambda)}\right) = \sum_i \int_0^L c_i \sigma_i(\lambda) ds \qquad (2\text{-}3)$$

将式（2-3）进一步简化，因为吸收截面 $\sigma_i(\lambda)$ 被认为与光学路径上的温度和压力无关，如式（2-4）所示。

$$\tau = \ln\left(\frac{I_0(\lambda)}{I(\lambda)}\right) = \sum_i \sigma_i(\lambda) \int_0^L c_i ds \qquad (2\text{-}4)$$

式（2-4）中的积分项 $\int_0^L c_i ds$ 可以定义为痕量气体 i 沿着光学路径的积分柱浓度，通常在被动 DOAS 中光学路径不是垂直的，这个量被称为斜柱浓度（SCD），即痕量气体浓度沿光程的积分，如式（2-5）所示。

$$SCD_i = \int_0^L c_i ds = \frac{\tau_i(\lambda)}{\sigma_i(\lambda)} \qquad (2\text{-}5)$$

1. 太阳光谱

如 DOAS 技术简介中介绍，被动 DOAS 仪器基本都是以太阳光作为主要光源。而 DOAS 技术的理想光源应当是明亮的、恒定的、连续的，并且没有光谱特征的。太阳光在晴好天气下并且紫外可见波长能够提供足够的光学强度时，可以被认为是一个明亮且恒定的光源，但是太阳光不是一个理想的连续光源，它客观存在着许多光谱特征。

未经过大气层作用的太阳光谱近似是 $T \approx 5800K$ 的太阳色球层的黑体辐射和色球层中原子选择吸收和辐射造成的强吸收线。黑体辐射的光谱可以采用普朗克函数表示，如式（2-6）所示。

$$B_\lambda(T) = \frac{2hc^2}{\lambda^5(e^{hc/K\lambda T} - 1)} \qquad (2\text{-}6)$$

式中　h——普朗克常数；

　　　e——自然对数的底；

　　　λ——波长；

　　　K——Boltzmann 常数；

　　　c——真空中光速；

　　　T——温度。

图 2-3 是 GOME 卫星临边探测获取穿过大气平流层的太阳光谱和 5800K 的普朗克函数曲线。

图 2-3　太阳光谱和 5800K 的普朗克函数曲线

图 2-4 中很强的随波长变化快的吸收线就是夫琅禾费谱线。相比地球大气绝大多数吸收体的吸收，夫琅禾费谱线非常强。在紫外光和可见光谱波长（300～600nm），夫琅禾费谱线是太阳散射光谱中的主体结构。夫琅禾费谱线的强度和形状虽然随着太阳黑子密度和太阳周期变化，但是相对稳定。

图 2-4　夫琅禾费谱线

夫琅禾费谱线的光学厚度为 0.1～0.5，比大多数痕量气体的吸收要强。因此，当在 DOAS 方程中采用比例计算时，在 I 和 I_0 之间即使一个小的波长移动也会产生一个大的结构，这使得反演弱吸收变得不太可能。

2. 被动 DOAS 原理的数学表达

由于被动 DOAS 中入射光强度 $I_0(\lambda)$ 未知或不可在现实中获得，式（2-2）不能被直接使用。以散射太阳光或直射阳光作为光源的被动 DOAS，在大气成分测量中需要对朗伯—比尔定律进行修正。并且大气中气溶胶会导致瑞利散射和米散射，大气中的未知吸收也会带来影响。在大气中，要实现其他消光过程的贡献率定量测量是很难做到的。

被动 DOAS 方法本质上是对朗伯—比尔定律的一种应用性修正，它利用太阳作为光源，从实际的大气测量中反演得到痕量气体 SCD。通常情况下，由于气溶胶的消光过程、湍流的影响以及很多其他痕量气体的吸收，表现出很宽的、光滑的光谱结构，气体的吸收截面随波长的变化呈现"指纹式"的特征吸收结构，具体表现是：不同痕量气体在不同波长存在不同的吸收峰，呈现明显的窄带吸收特征。因此，可以使用高通滤波的方法，将大气吸收光谱中由痕量气体分子吸收引起的窄带变化和由其他因素引起的宽的、光滑的光谱结构进行分隔。DOAS 方法的核心是将大气的消光过程分为慢变化部分（"宽带"）和快变化部分（"窄带"），通过数学方法去除慢变化部分，仅保留大气消光过程中痕量气体的窄带吸收。窄带吸收和宽带吸收见图 2-5。

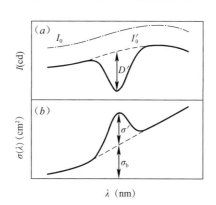

图 2-5 窄带吸收和宽带吸收

引起窄带变化的原因主要是实际大气中的散射效应，包括由于气溶胶颗粒和云滴或冰粒等造成的米散射，以及由于气体分子造成的瑞利散射和拉曼效应。米散射依赖于气溶胶颗粒的形状以及入射光波的波长；气体分子造成的散射可以是弹性散射（瑞利散射）或者非弹性散射（拉曼效应）。

3. 颗粒物造成的散射

米散射是空气中颗粒物大小与入射波长相接近时发出的散射。这类散射由空气中的颗粒，如沙尘、冰晶、液珠等引起，散射过程非常复杂。Gustav Mie 首次给出入射光在圆球状颗粒散射下的精细解析，因此被称为米散射。自然光被尘、霾、雾等散射即为类米散射。在 DOAS 方法中可以把瑞利散射看作吸收过程，吸收系数 $\varepsilon_M(\lambda)$ 见式（2-7）。

$$\varepsilon_M(\lambda) = \varepsilon_{M_0}\lambda^{-n} \qquad (n = 1 \sim 4) \qquad (2\text{-}7)$$

4. 气体成分造成的散射

分子上发生的散射分为两种：一种是光子与分子不发生能量交换的弹性散射，

这时散射光的波长与输入光的波长相同，这种弹性散射就是瑞利散射；另一种是光子与分子之间发生能量交换的非弹性散射，这时光子发射或吸收能量，散射光的波长与入射光的波长不同，这种散射就是拉曼散射。

瑞利散射又称分子散射，发生在光与小尺寸（小于波长的 1/10）物质相互作用时。其物理表达为：光感应极化粒子中的偶极子，如空气中的气体分子，使光子产生振荡，振荡的偶极子产生了平面偏正光即散射光。在 DOAS 中瑞利散射类似米散射，也可以近似地将其认为是吸收过程，其吸收系数 $\varepsilon_R(\lambda)$，如式（2-8）所示。

$$\varepsilon_R(\lambda) = \sigma_{R_0} \lambda^{-4} \cdot C_A \tag{2-8}$$

式中　$\sigma_{R_0} \approx 4.4 \times 10^{-16} \, cm^2 \cdot nm^4$；

　　C_A——空气中气体分子密度，在 25℃和 1 个标准大气压的情况下，其值近似为 $2.4 \times 10^{19} \, cm^{-3}$。

拉曼散射对光强的影响远小于弹性散射对光强的影响，在早期的 DOAS 分析中，常常被忽略。但是在近期的散射光 DOAS 分析中发现，它的作用不容被忽视。拉曼散射对太阳光谱的填充作用被命名为 Ring 效应。Ring 效应由 J. F. Grainger 和 J. Ring 于 1962 年在他们发表的论文中有所表述。

Ring 效应不仅使得夫琅禾费谱线发生变化，在被动 DOAS 中也会伴随天顶角的增大而同步增大。因此，在反演过程中需要考虑 Ring 效应对 DOAS 反演的影响。将 Ring 等同为一种气体吸收截面，在反演中参与拟合，Ring 截面由实测的夫琅禾费谱线通过 DOASIS 软件得到。图 2-6 为测量得到的夫琅禾费谱线和 Ring 截面示意图。

图 2-6　夫琅禾费谱线和 Ring 截面示意图

光谱结构中的慢变化的消光过程是由散射和多种痕量气体吸收共同导致的。DOAS 方法基于朗伯—比尔定律，可同时分离出多种消光作用，进而解析出多种痕量气体的吸收。痕量气体 σ_j 的光谱吸收结构可以分为随波长的"慢变化" σ_j^b 和"快变化" σ_j' 两部分，如式（2-9）所示。

$$\sigma_j = \sigma_j^b + \sigma_j' \tag{2-9}$$

同时，瑞利散射和米散射导致的光谱改变也是随波长 λ 慢变化而改变。所以式（2-2）可以写成式（2-10）所示。

$$I(\lambda) = I_0(\lambda)\exp\left\{-\left[\sum_{j=1}^{n}(\sigma_j^b(\lambda) + \sigma_j'(\lambda))c_i + \varepsilon_R(\lambda) + \varepsilon_M(\lambda)\right]L\right\} \tag{2-10}$$

各种慢变化可以通过高通滤波或者多项式拟合从光谱中去除，剩余的主要是由多种气体吸收所引入的快变化结构。选择合适的相对"清洁"的测量光谱作为 I_0，利用最小二乘法拟合各气体的吸收截面，就可同时获取多种气体的柱浓度。

2.1.2 基于车载光学遥测技术的污染物垂直柱浓度精确获取

DOAS 方法是一种基于电磁波与气体组分之间相互作用的遥感探测方法，利用气体分子在紫外波长、可见波长及近红外波长的"指纹"吸收特性对痕量气体进行定性、定量测量。

光在介质中传输时，会因它与物质之间的相互作用而发生衰减。光衰减前、后光强的变化关系可用朗伯—比尔定律描述，如式（2-11）所示。

$$I(\lambda) = I_0(\lambda) \cdot \exp[-\sigma(\lambda) \cdot c \cdot L] \tag{2-11}$$

被动 DOAS 观测由于光子的路径复杂、光程未知，需要在光谱反演过程中进行一些处理，并不能直接使用朗伯—比尔定律。将式（2-11）写成对未知路径的积分情况，见式（2-12）。

$$I(\lambda) = I_0'(\lambda) \cdot \exp\left\{-\int\left[\sum_j \sigma_j'(\lambda) \cdot c_j \cdot ds\right]\right\} \tag{2-12}$$

由于光程未知，将浓度和光程合并，并令 $SCD_j = \int c_j(s) \cdot ds$，则式（2-12）可表示为如式（2-13）所示。

$$\frac{I(\lambda)}{I_0'(\lambda)} = \exp\left[-\sum \sigma_j'(\lambda)SCD_j\right] \tag{2-13}$$

则对于某种吸收气体 j，斜柱浓度 $SCD = \dfrac{\ln\left[\dfrac{I_0'(\lambda)}{I(\lambda)}\right]}{\sigma'(\lambda)} = \dfrac{D'}{\sigma'(\lambda)}$，即痕量气体浓度沿光程的积分。

在车载被动 DOAS 光谱反演中，传统的单光路仅能获取相对于参考谱的斜柱浓度。引入多观测角度的测量方式可以实现对绝对垂直柱浓度的获取，同时，车载 DOAS 还需要解决多组分气体的交叉干扰以及对多种大气效应的去除。针对以上问题，开展了如下研究。

1. 垂直柱浓度的精确获取

痕量气体的 SCD 是测量光谱和参考谱中所含的痕量气体的斜柱浓度之差，即差分斜柱浓度（$DSCD$）。它与吸收气体在大气中的分布，光的传输、散射情况，仪器的观测姿态，太阳天顶角等密切相关。因此，为了真实地反映大气组分的实际含量，必须将斜柱浓度转化为垂直柱浓度以表示痕量气体在整层大气中的垂直柱总量。

在多轴 DOAS 的观测中，我们关注的是对流层痕量气体，所以 $AMF_{trop}(\alpha) = \dfrac{SCD_{trop}(\alpha)}{VCD_{trop}}$。大气质量因子（$AMF$）除了依赖太阳天顶角、仰角外，还与地表反照率、波长、气溶胶、云和气体的垂直分布有关，而对流层被上述因素影响，基于此，AMF 需要借助大气辐射传输模型计算。通过 AMF 值和测量得到的斜柱浓度，可以得到对流层痕量气体垂直柱浓度（VCD），见式（2-14）、式（2-15）。

$$\frac{SCD_{trop}(\alpha)}{AMF_{trop}(\alpha)} = \frac{DSCD_{trop}(\alpha) + SCD_{trop}(90)}{AMF_{trop}(\alpha)} = VCD_{trop} \qquad (2\text{-}14)$$

$$\Rightarrow DSCD_{trop}(\alpha) = AMF_{trop}(\alpha)VCD_{trop} - SCD_{trop}(90)$$

$$= AMF_{trop}(\alpha)VCD_{trop} - AMF_{trop}(90)VCD_{trop}$$

$$\Rightarrow VCD_{trop} = \frac{DSCD_{trop}(\alpha)}{AMF_{trop}(\alpha) - AMF_{trop}(90)}$$

$$\Rightarrow VCD_{trop} = \frac{DSCD_{trop}(\alpha)}{DAMF_{trop}(\alpha)} \qquad (2\text{-}15)$$

式中　$DAMF$——差分大气质量因子。

2. 反演波长优化

光在大气中传输时，受到多种组分气体干扰，不同的气体在不同的波长有着不同的吸收峰值，对 DOAS 反演方法存在着交叉干扰，因此，在针对特定气体进行 DOAS 反演时，需要有针对性地选择该气体的反演波长，保证在该反演波长内目标气体存在强烈吸收，干扰气体为弱吸收，以减少其他组分气体干扰，实现反演误差的最小化。

本研究中对目标气体和干扰气体进行多元相关性分析，通过相关性结果确定拟合波长。通过上述分析后，拟用于反演的污染气体分子吸收波长：对 SO_2 选择 $310\sim324nm$ 拟合波长、NO_2 选择 $338\sim370nm$ 拟合波长。NO_2 拟合波长的选择如图 2-7 所示。

$338\sim370nm$ 涵盖了 NO_2 强吸收峰，同时在该波长内其他参与拟合的截面对 NO_2 拟合干扰较小，相对于附近其他拟合波长，拟合残差降低 $4.6\%\sim20\%$。

3. 大气 Ring 效应

有很多结构的太阳光谱和非弹性散射过程会导致另外的效应——Ring 效应。

图 2-7 NO₂ 拟合波长的选择

Ring 效应不仅使得夫琅禾费结构发生变化，同时由于其强度高于大气组分吸收的 1～2 个数量级，并且 Ring 效应随着光程的增加而增大，在散射光 DOAS 观测中也会随着天顶角的增大而增大，因此，在反演过程中需要校正 Ring 效应对大气组分吸收结果的影响。

目前来说，Ring 光谱可以通过测量法或计算法得到。测量法基于大气中不同的散射过程表现出不同的偏振。Solomon 等就提出了通过测量散射光中平行偏振光与垂直偏振光的强度之比来推导 Ring 效应参考光谱的方法，但不同偏振对应的大气光谱是不同的，可能包含不同大气痕量气体的吸收，结果是测量的 Ring 光谱可能包含未知数量的大气吸收，这会影响 DOAS 拟合中获得的痕量气体浓度大小。计算法是通过已知的空气分子拉曼转动光谱来计算得到 Ring 光谱，计算法得到的结果和测量法具有较好的一致性。

图 2-8 和图 2-9 为考虑 Ring 效应和不考虑 Ring 效应时 NO₂ 拟合结果，通过对比发现，在考虑 Ring 效应时，拟合残差为 7.37×10^{-4}；不考虑 Ring 效应时，拟合残差为 8.27×10^{-4}。不考虑 Ring 效应时，拟合残差增大。Ring 效应对大气痕量气体反演的影响由此可见，故在本研究中，将 Ring 效应列为重点考虑因素之一。

图 2-8　考虑 Ring 效应时 NO₂ 拟合结果

图 2-9　不考虑 Ring 效应时 NO₂ 拟合结果

4. 平流层干扰扣除

由于平流层部分污染物斜柱浓度在太阳天顶角较小时，随太阳天顶角变化较慢，而对流层部分则主要受来自地面人为排放等因素影响，因此，不同地区的变化比较大，在这里可以将反演得到的痕量气体柱浓度结果按照其随太阳天顶角的变化分成两部分：一个慢变化部分和一个快变化部分。这样就可以比较方便地去除平流层部分，得到对流层中痕量气体的浓度信息。

对平流层部分的修正有以下几种方法：

（1）最小值线性回归法。这个方法主要是利用了平流层痕量气体柱浓度随太阳天顶角缓慢变化的特点，在对流层信号可被忽略的低值区域选择几个数据点，做一元线性拟合，便得到了平流层信号随太阳天顶角的函数关系式，进而可以计算出任意时刻的平流层柱浓度，将平流层部分去除。

（2）几何近似法。用 $\dfrac{1}{\cos(SZA)}$ 计算平流层大气质量因子 AMF，假定垂直柱浓度随纬度是线性变化的，则平流层部分可以写成如式（2-16）所示。

$$dSCD_{strat} = \frac{a+b\phi}{\cos(SZA)} - \frac{a+b\phi}{\cos(SZA)_{ref}} \tag{2-16}$$

式中　　φ——纬度，式（2-16）中等号右边第一部分为在任意纬度处的 SCD 结果，第二部分为参考谱区域的 SCD 结果；

　　a、b——系数，参考卫星数据处理方法，即利用不包含平流层吸收的参考光谱来确定；

　　SZA——太阳天顶角。

参考同纬度干净区域（如太平洋上空等）卫星测量的结果，忽略对流层，将其作为平流层浓度进行扣除，这种方法是卫星数据分析中扣除平流层部分最常用的方法，如 OMI、GOME 法等。

利用式（2-17）计算得到对流层垂直柱浓度 VCD。

$$VCD = \frac{SCD_{\text{trop}}}{AMF_{\text{trop}}} = \frac{DSCD_\alpha - \text{d}SCD_{\text{strat}}}{AMF_{\text{trop}}(\alpha)} \tag{2-17}$$

2.2　气象技术及数据融合方法

气象条件是影响大气环境监测的重要因素，其中，风场对仪器监测影响最大。因此，在开展观测前，针对北京市所选观测区域，分析了全年和四季各观测区域风速、风向特征；并针对 DOAS 系统监测需求，结合观测区域背景风场特征，制定观测适宜的气象条件标准；根据制定的气象条件标准，结合大气环流形势、天气预报、环境预报等信息，针对性选取各参数俱佳的气象条件，提前一周确定每季观测时间。

计算污染物排放通量需要耦合观测区域的风场信息，风场信息的不准确直接影响污染通量的计算误差。因此，本次研究中确定利用数值模拟手段、地面观测数据和雷达测风数据集合方法获取精细化三维风场数据。通过精选数值模式参数化方案、滚动同化气象站点观测和探空数据、输入高精度地形资料进行风场数值模拟，再利用雷达测风数据，对模拟结果进行验证和订正，优化数值模式，提高模拟准确率，最终形成区域网格化、不同高度、逐小时、200～1000m 分辨率的优化三维网格化风场，使每个观测区域的风场数据水平达到分区，垂直达到分层。

为更好地把握观测期间气象条件对污染监测和污染物扩散的影响，利用每个季节观测期间每日的高空—地面天气图、探空图，分析各观测区域的大气环流特征及大气稳定度；利用代表气象站点的分钟观测数据，分析各观测区域主要气象要素（风向、风速、气温、湿度）变化趋势；利用风场模拟结果，分析各观测区域地面和高空风场空间分布特征。

2.3　适宜 DOAS 系统监测的气象方案

气象条件是影响大气环境监测的重要因素，稳定的天气系统是大气环境监测获取理想测量结果的必备条件，其中，风场对仪器监测影响最大。因此，需细致分析适宜 DOAS 技术监测的气象条件，并依此在监测开展前，结合监测区域的天气预报信息，针对性地选取气象条件最佳观测日期，确保观测顺利、有效开展。

1. 确定适宜观测的气象条件

根据以往经验表明，DOAS 系统监测污染源排放通量时，应避免阴雨天、雾天等天气情况；同时也避免在静风、大风、风场不稳定的天气进行观测。因此，针对 DOAS 系统监测需求，确定适宜观测的气象条件，见表 2-1。

适宜观测的气象条件 表 2-1

气象要素	适宜范围
风速	2～3m/s（避免静风）
风向	观测时段内，观测区域的风向稳定（须考虑上、下午风向的转变）
天气现象	晴，多云，阴（能见度>5km；避免雨雪、大风、重霾天气）

2. 适宜观测日期的选取方法

根据确定的气象条件标准，结合当地大气环流形势、天气预报、环境预报等信息，在监测开展前选取适宜日期，保障污染监测的顺利、有效开展（图 2-10）。

图 2-10 适宜观测日期的选取资料示例

2.4 多模式嵌套的精细化三维风场数据获取

风场数据是计算污染物排放通量的关键信息，其数据质量直接影响排放通量计算结果的可信度。在以往的计算中通常采用邻近地面气象观测站的风场数据，即一个点的风向风速代表了整个观测区域的风场特征。风场信息的不准确直接影响污染通量的计算精度。因此，本次研究中利用气象数值模拟、气象站点观测和雷达测风数据集合的方法，获取监测区域优化的三维网格化风场数据。

（1）采用多模式嵌套方法对监测区域进行风场数值模拟，同时滚动同化气象站点观测和探空数据，不断调整风场模拟过程。

（2）采用风廓线雷达和激光雷达，在污染监测的同时对区域内风场进行实时观测，利用风场实测数据对模拟结果进行订正。

（3）最终形成区域网格化、不同高度、逐小时、200～1000m 分辨率的优化三维网格化风场；使风场数据水平达到分区，垂直达到分层。

气象数据改进方案流程图如图 2-11 所示。

图 2-11 气象数据改进方案流程图

1. 风场数值模拟方法

1）中尺度监测区域模拟

数值模式：中尺度气象数值模式（WRF）。

（1）气象初始场：NCEP FNL 数据（美国国家环境预报中心提供的 1°×1°全球再分析数据）。

（2）模拟过程：调试适用监测区域的参数化方案，滚动同化地面气象观测和探空数据，进行 3～4 层嵌套，最内层模拟区域范围应涵盖整个监测区域。

（3）模拟结果：监测区内水平分辨率为 1000m 的三维网格化风场数据。

2）小尺度监测区域模拟

数值模式：小尺度气象数值模式（CALMET）。

（1）气象初始场：WRF 风场模拟结果。

（2）模拟过程：输入监测区域地形和下垫面资料，再利用计算流体力学模型和地面气象站点逐时观测数据对 WRF 风场结果进行精细化调整。

（3）模拟结果：监测区内水平分辨率为 200m 的三维网格化风场数据。

2. 测风雷达实时观测方法

采用测风激光雷达和风廓线雷达设备，与污染监测同时进行，开展风场实时、连续观测，获取监测区内不同高度风场的逐时定点观测数据。监测区内至少布置 2 个以上测风雷达观测点，作为后期数值模式订正点；观测点越多，风场订正结果越趋于实测风场。

1）测风激光雷达

基于激光脉冲多普勒频移原理，根据空气中颗粒（灰尘、盐晶体、云雾水汽、污染颗粒等气溶胶）的激光后向散射回波，连续测量风速、风向、三维风廓线等信息，实时获得高时空分辨率、高精度的风场数据。可进行 5000m 范围内不同高度层的风向、风速、风切变等风场探测反演，测量风场数据可靠性好、精度高，适用于机场领域、风能领域、气象气候、大气研究及中低空风场探测等。

2）风廓线雷达

主要以晴空大气作为探测对象，利用大气湍流对电磁波的散射作用对大气风场等要素进行探测。风廓线雷达发射的电磁波在大气传播过程中，因为大气湍流造成的折射率分布不均匀而产生散射，其中，后向散射能量被风廓线雷达接收。一方面，根据多普勒效应确定气流沿雷达波束方向的速度分量；另一方面，根据回波信号往返时间确定回波位置。从探测的基本原理来看，风廓线雷达是无线电测距和多普勒测速的结合。风廓线雷达能够探测近地面及地面以上 3000m（及更高高度）几十处不同高度的风向、风速数据，从而得出大气风场的垂直廓线图。

3）测风雷达数据对比验证

为了确保两种测风雷达数据的准确性，与北京市观象台气象探空数据开展了为期 10 天的对比验证，测风雷达数据对比验证见表 2-2。

测风雷达数据对比验证

表 2-2

验证设备	测风激光雷达	风廓线雷达
对比数据	北京市观象台探空数据	北京市观象台探空数据
时间	2017 年 6 月 25 日至 2017 年 7 月 4 日	2017 年 6 月 30 日至 2017 年 7 月 10 日
地点	北京南郊观象台	北京南郊观象台
观测高度	起始高度 120m，终止高度 5000m 每 60m 一个间隔数据	起始高度 50m，终止高度 5000m 每 50m 一个间隔数据

测风激光雷达与观象台探空数据的对比见图 2-12，风向的绝对平均偏差为 15°，风速的绝对平均偏差为 0.8m/s。

图 2-12　测风激光雷达与观象台探空数据的对比

风廓线雷达与观象台探空数据的对比见图 2-13，风向的绝对平均偏差为 23°，风速的绝对平均偏差为 1.4m/s。

图 2-13　风廓线雷达与观象台探空数据的对比

通过以上对比验证结果可以看出：两种测风雷达精度和稳定性均较好，可用于数值模拟结果的验证和订正。

3. 风场模拟结果订正方法

1）订正目的

进一步提高风场模拟结果的准确性。

2）订正方式

采用测风激光雷达和风廓线雷达，在污染监测的同时对区域内风场进行实时观测，获取监测区内不同高度风场的逐时定点观测数据；利用风场实测数据对模拟结果进行订正，获取更准确的风场数据。

3）订正方法

采用反距离权重法，对订正点周围网格的风场模拟数据进行插值订正。

加权函数计算见式（2-18）。

$$W_i = \frac{h_i^{-p}}{\sum_{i=1}^{n} h_i^{-p}} \tag{2-18}$$

式中 p——幂参数，通常 $p=2$（0.5～3 均为合理数值）；

h_i——离散点到插值点的距离，$h_i = \sqrt{(x-x_i)^2 + (y-y_i)^2}$，$(x, y)$ 为插值点坐标；(x_i, y_i) 为订正点坐标。

4）订正高度

结合数值模式、测风激光雷达、风廓线雷达的风场数据高度，以及数据稳定性，确定订正的高度层。其中，模式层高度 10m、25m、50m、80m、100m、150m、200m、300m、500m、800m、1000m、1500m、2000m、2755m；测风激光雷达高度层起始高度 120m，每 60m 一个间隔数据；风廓线雷达高度层起始高度 50m，每 50m 一个间隔数据。经与各区域的观测数据对比验证，测风雷达数据在 1000m 以上波动大，不适宜订正。因此，最终订正的模式层高度为：150m、200m、300m、500m、800m、1000m，共 6 层。

5）订正效果

对比订正前后风向、风速数据结果。结果显示：风场模拟结果随高度变化趋势大部分和雷达实测风场一致，在数值上有些差异。因此，综合两个测风雷达数据，对模拟结果进行订正（图 2-14）。经过订正后，风场模拟结果更趋于实测值，进一步降低风场模拟误差。将订正后的三维风场结果与污染监测数据耦合分析，进行区域污染通量分析。

4. 风场模拟结果对比验证

为检验三维精细化风场数据的准确性，分别利用气象站点观测数据和雷达实时测风数据与风场模拟结果进行对比验证。

1）风场模拟结果与气象站点数据对比验证

选取代表气象站点与 WRF 和 CALMET 风场数值模拟结果进行对比，如图 2-15

图 2-14　风速订正效果图

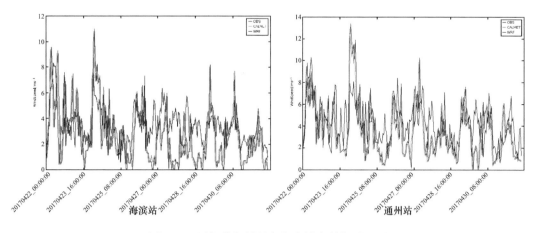

图 2-15　风场模拟结果与气象站点数据对比图

所示。结果显示：利用模式模拟的风场结果和观测结果趋势基本一致；通过对模拟结果和观测结果的统计值分析发现，CALMET 和 WRF 的均方根误差均可达 1.5 左右（欧洲数值预报中心为 2～3），说明利用模式模拟可以捕捉到风场的基本信息。其中，CALMET 模拟结果同观测结果的吻合程度更高，而 WRF 的模拟结果更平均，无法捕捉风速突然增大和静风情况。此外，模拟与观测风速的平均误差，CALMET可达到0.1以内，而WRF为0.4。所以CALMET模拟结果比WRF更优，风场数值模拟质量稳定，和观测实况较为吻合。

2）风场模拟结果与测风雷达数据对比验证

将CALMET风场数值模拟结果与测风雷达数据进行对比，如图2-16所示。结果显示：在雷达外场观测时段内，数值模拟和测风雷达风场1500m以下均以西南风为主导，风速2～4m/s；在同一时段不同高度上，数值模拟与测风雷达的风向风速结果均较为吻合。

图 2-16　风场数值模拟结果与测风雷达数据对比图

2.5　立体监测数据与三维风场数据的耦合

一般而言，用描述守恒量传输的连续偏微分方程来表示任意有限区域内的能量守恒。在各自适应条件下，这些量（包括质量、能量、动量、电荷等）都是守恒的，它们的传输行为都可以用式（2-19）描述，式（2-19）主要涉及三方面要素：守恒量的源、通量散度和守恒量的时间变化率。

$$\frac{\partial \varphi}{\partial t} + \vec{\nabla} \cdot \vec{f} = \sigma \qquad (2-19)$$

式中　φ——物质对体积的微分比例 $\left(\varphi = \dfrac{\mathrm{d}q}{\mathrm{d}V}, q \text{ 为物质的量}, q = \displaystyle\int \varphi \mathrm{d}V, V \text{ 为体积;}\right)$

也就是物质的密度，本书中指痕量气体的浓度；

$\vec{\nabla}$——梯度算子；

$\vec{f}$——通量，也就是 φ 的矢量函数，即每单位时间单位面积的痕量气体流量；

t——时间；

σ——φ 单位体积单位时间的生成量（去除量），当 $\sigma > 0$ 时，则称 σ 为源，反之则称为汇。

对体积积分，则有 $\int \dfrac{dq}{dt} dV + \int \nabla f dV = \int \sigma dV$。假设在围绕的区域内分子为常数，并且在测量的过程中并没有改变，那么 $\dfrac{dq}{dt}$ 可以被忽略，见式（2-20）。

$$\int \nabla f dV = \int \sigma dV \tag{2-20}$$

$$\oint_s f \cdot \vec{n} ds = \int \sigma dV$$

式中　s——单位距离。

污染物的排放通量可以从围绕区域污染气体的 VCD 和风速中获得。上式中应用散度定理，可以将连续性方程以积分的形式表达，则区域内污染物的排放通量如式（2-21）所示。

$$F = \int_A \text{div}(VCD \cdot \vec{W}) dA = \oint_s VCD(s) \cdot \vec{W} \cdot \vec{n} ds \tag{2-21}$$

式中　VCD——污染物垂直柱浓度；

　　　A——单位区域空间；

　　　$\vec{n}$——平行于地面，正交于行驶方向的单位向量；

　　　$\vec{W}$——绕行区域的平均风场。

沿移动路线进行积分，即可获得区域内污染物的排放通量。对于天顶方向的车载 DOAS 测量，由于汽车行驶路径上单个光谱的积分时间有限，可以将连续积分转换为离散的求和，如式（2-22）所示。

$$F = \sum_i VCD_i \vec{W} \cdot \vec{n} \Delta s_i = \sum_i VCD_i W \cdot \sin\beta_i \Delta s_i \tag{2-22}$$

式中　Δs_i——连续两条测量光谱之间的距离差，可通过由 GPS 获取的车速与测量时间的乘积得到；

　　　VCD_i——第 i 次测量的垂直柱浓度；

　　　β_i——第 i 次的行驶方向与风向的夹角。

图 2-17 为污染烟羽扫描剖面与通量计算原理示意图。

式（2-22）可以用来计算不同痕量气体的排放通量，其中的一个重要应用就是计算 NO_x 的排放，但是从天顶方向的车载 DOAS 观测中，我们只能测量 NO_2，不

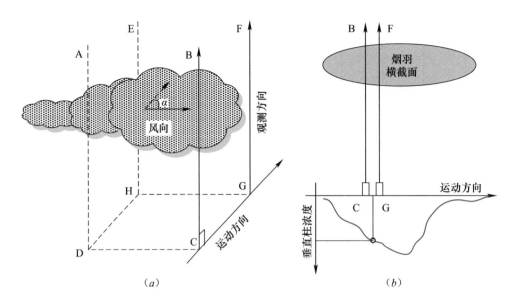

图 2-17　污染烟羽扫描剖面与通量计算原理示意图

能测量 NO。因此，为了获得 NO_x 的排放，还需进行一些校正。

寿命的校正：如果在测量区域具有恒定的风向和风速，就可以计算得到有限的大气寿命的校正因子。寿命的校正因子见式（2-23）。

$$c_L = e^{\frac{D/W}{T}} \tag{2-23}$$

式中　e——自然对数；

　　　D——测量点到排放源的平均距离；

　　　W——测量时的平均风速；

　　　T——NO_x 的寿命，依赖于光化学反应及气象状态。

针对不同的污染源类型和排放情况，如高架点源、由多个点源组成的工业厂区、面源或大区域（城市），均可以用车载 DOAS 进行排放通量的测量。

（1）孤立点源：在排放源的下风向，采用车载 DOAS 在下风向扫描烟羽剖面，并结合风速风向数据，计算排放通量。

（2）存在外部输入的点源、工业区、面源或区域源：由于这些情况下源的情况比较复杂，如图 2-18 所示，而且此时仅在图中区域下风向测量获得的污染通量排放 $Flux_出$ 不但包含了区域内各个厂和其他源的排放，还有可能包含来自上风向的工厂 3 或其他源的污染通量排放 $Flux_入$。

所以通常采用车载 DOAS 测量系统围绕这些源进行测量，通过下风向和上风向测量区域内流出和流入的通量的差来计算净排放通量 $Flux_净$，见式（2-24）。

$$Flux_净 = Flux_出 - Flux_入 \tag{2-24}$$

式中　$Flux_净$——净排放通量；

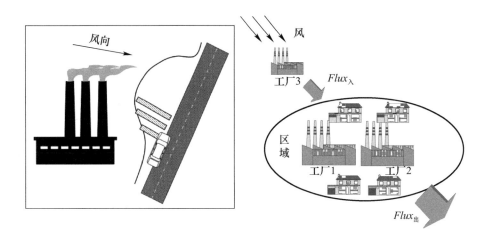

图 2-18　车载 DOAS 测量孤立点源工业区（左图），存在外部输入的
点源、面源或区域源排放示意图（右图）

$Flux_出$——从工业区下风向计算得到的排放通量；

$Flux_入$——从工业区上风向计算得到的排放通量。

2.6　面源排放监测的车载光学遥测系统构建

2.6.1　系统构建

车载 DOAS 是在传统的天顶方向车载 DOAS 的基础上，增加了一个低观测仰角（本书中使用的角度是 30°和 90°）。为了提高散射光被动 DOAS 对流层观测的灵敏度，引入了离轴观测方式，在单一的天顶观测模式的基础上增加了一个仰角的测量。相比于天顶方向车载 DOAS，车载 DOAS 具有以下几点优势：

（1）由于增加了低仰角的观测，对对流层痕量气体具有较高的灵敏度，能够拓展痕量气体探测的种类。这对小于 20°的观测仰角效果较为明显，本书中使用的 30°观测仰角作用并不是很明显，若在外界测量条件允许的情况下（测量环境较为开阔）增加小角度观测还可以获取痕量气体的垂直廓线分布。

（2）由于不同仰角之间的观测受到云、气溶胶等的影响是相似的，所以车载 DOAS 受到吸收光程不确定性的影响小。

（3）车载 DOAS 可以观测到绝对的痕量气体垂直柱浓度。天顶方向的车载 DOAS 只能观测到相对的痕量气体垂直柱浓度（相对于参考谱）。

1. 车载 DOAS 原理

车载 DOAS 和天顶方向车载 DOAS 都是用来探测污染物柱浓度分布和获取测量区域污染物排放通量，它是天顶方向车载 DOAS 的发展与延伸，两者具有不同的侧重点。从硬件构成而言，天顶方向车载DOAS更加简单、方便；从用途来看，天顶方向的车载DOAS非常适用于对点源排放的监测（如火电厂、钢铁厂等），车载DOAS对测量大区域的污染物柱浓度分布具有一定的优势。根据不同的测量条件、用途以及主要关注点可以选择其中一种或两种技术进行观测。本书中对这两种技术的系统构成及应用都有所涉及。

车载DOAS简单地说就是将简化的地基多轴DOAS置于汽车移动平台上进行观测。相比于地基多轴DOAS，其不仅可以得到污染物浓度沿垂直方向的分布，也可以获得污染物浓度沿水平方向的分布。这样的信息对于模型验证、卫星对流层数据产品的校验以及研究输送过程很重要。对于车载DOAS，标准的地基多轴DOAS的数据方法并不完全适用，由于汽车的移动测量路径上气团会快速变化，常规的地基多轴DOAS垂直柱浓度反演方法会产生很大误差，在一些情况下甚至会反演出"负值"。因此，需要提出一种新的适合车载DOAS的垂直柱浓度反演方法。本书使用的车载DOAS的垂直柱浓度反演流程如图2-19所示。

图2-19 车载DOAS的垂直柱浓度反演流程

整个大气层的垂直柱浓度如式（2-25）所示。

$$SCD_{meas} = SCD_{trop} + SCD_{strat} \tag{2-25}$$

式中，等号右边的第一部分和第二部分分别表示对流层中和平流层中的SCD。由上述分析可知，DOAS拟合获取的是测量光谱SCD_{meas}和参考光谱SCD_{ref}之间的浓度差值，也就是差分斜柱浓度$DSCD$，见式（2-26）。

$$DSCD_{meas} = SCD_{meas} - SCD_{ref} \tag{2-26}$$

30°方向和90°方向之间的SCD_{strat}相等，则有式（2-27）。

$$DSCD_{meas}(30°) = SCD_{trop}(30°) + SCD_{strat}(30°) - SCD_{trop}(90°) - SCD_{strat}(90°)$$

$$= SCD_{trop}(30°) - SCD_{trop}(90°) = DSCD_{trop}(30°) \tag{2-27}$$

式中，$DSCD_{meas}(30°)$和$DSCD_{trop}(30°)$代表30°观测角度下反演得到的差分斜柱浓度和对流层的差分斜柱浓度。为了最终获取痕量气体的垂直柱浓度，需要利用

AMF，AMF 是斜柱浓度和垂直柱浓度的比值，即 $AMF = \dfrac{SCD}{VCD}$。在地基多轴 DOAS 的观测中，我们主要关注对流层痕量气体，所以 $AMF_{trop}(30°) = \dfrac{SCD_{trop}(30°)}{VCD_{trop}}$。通常情况下，$AMF$ 可以通过简单的三角形关系得到，$AMF_{trop} \approx \dfrac{1}{\sin 30°}$。但当有云和气溶胶存在时，光程变得较为复杂，$AMF$ 一般通过大气辐射传输模型计算得到。通过 AMF 和测量获取的 SCD，可以获取对流层的垂直柱浓度 VCD，见式（2-28）。

$$\frac{SCD_{trop}(30°)}{AMF_{trop}(30°)} = \frac{DSCD_{trop}(30°) + SCD_{trop}(90°)}{AMF_{trop}(30°)} = VCD_{trop} \qquad (2\text{-}28)$$

2. 车载 DOAS 硬件

主要由光学导入系统、石英光纤束、光谱仪、全球定位系统（GPS）和计算机等部件组成，如图 2-20 所示。望远镜采集的入射光经光纤耦合进入小型 CCD 光谱仪，光谱仪采集光谱传送至计算机进行处理。系统配备了 GPS 装置，用来记录位置、时间及车速等信息。系统采用分辨率为 0.5nm 的微型紫外光谱仪，波长为 290～450nm。

图 2-20　车载 DOAS 组成

在天顶观测方向的基础上增加了低仰角观测，低仰角观测具有的优势见 2.6.1 节（1）～（3）。

车载 DOAS 外观及车顶安装状态如图 2-21 所示。

图 2-21　车载 DOAS 外观及车顶安装状态

因此，根据研究需求，对车载 DOAS 的硬件系统进行了升级优化，重点对光学导入系统进行了优化。

望远镜采用两个观测角度（90°和 30°方向），并采用固态光路切换单元快速切换光路，实现高分辨率的不同角度遥测。采用了 Y 形光纤将 90°和 30°仰角光信号导入到同一光谱仪中，同时采用固化的光路切换装置，实现了两个光路之间的切换。为了适应测量环境现场的高温、粉尘等恶劣环境，导光系统中增加了气流互通装置。为了适应固定污染源排放现场的长期有效监测，导光系统的设计具有较高的防水、防尘及防静电等级。

车载 DOAS 在移动测量中的工作过程描述如下：望远镜固定在支架上垂直指向天空接收天顶方向散射的太阳光，望远镜中的 ZWB3 型滤光片滤除可见光，仅让紫外光透过，透镜将光汇聚到单芯光纤的端头，光谱仪对光进行色散后成像在探测器电感耦合器件（CCD）的光敏面上，这些信号经模数转换后通过软件采集进入计算机进行光谱解析。采集软件根据当前光强自动控制曝光时间，以保证有足够的信噪比。

车载 DOAS 作为收集散射光的重要部分，望远镜具有较小的视场角，并且能很好地将光耦合到光纤，送入光谱仪。为了减少杂散光，对望远镜进行发黑处理，将滤光片安装在望远镜末端。车载装置配备了 GPS 接收机，通过 RS232 串口实现与计算机的通信，提供精确的地理位置信息、车速和航向。同时，系统采用蓄电池供电，可以保证不间断测量。系统采用半导体制冷片 TEC，利用其"帕尔帖效应"的物理原理工作。

根据两者偏差，基于 PID 算法调整半导体制冷片的工作电流，实现温度的闭环控制，使得被控温度维持在设定值附近。图 2-22 为一次冬季外场实验过程中光谱仪环境温度变化及狭缝函数半高宽变化情况。

(a) 温度变化　　　　　　　　　　(b) 狭缝函数半高宽变化

图 2-22　一次冬季外场实验过程中光谱仪环境温度变化及狭缝函数半高宽变化

3. 车载 DOAS 软件

车载 DOAS 软件系统主要是通过对硬件系统的控制，从而完成数据的采集、处理和浓度反演等过程。软件功能主要包括四个模块：光谱采集、在线反演、离线反演和 3D 显示。光谱采集的功能是监控光谱仪的连接状态，光谱采集是否正常，GPS 状态，以及光路切换装置的状态（图 2-23）。软件系统与硬件结合紧密，覆盖整个系统的每个环节，软件系统的设计直接关系到整个监测系统最终的工作结果。

图 2-23　光谱采集模块软件界面

计算机控制软件可自动控制光路切换单元，并控制光谱探测单元自动调整采集参数、自动采集光谱，实现对扫描系统和光谱探测系统的自动控制。

光谱采集程序：用户通过对通信串口、光谱仪平均次数、最佳光强、数据存储路径进行设置，软件自动判断最佳曝光时间并进行工作。同时，系统能够采集GPS数据并保存。

2.6.2 系统测试

方法的突破在于硬件基础，准确获取面源排放数据依赖于高灵敏度、低误差的车载DOAS，因此需要对车载DOAS指标做出相应的规定。本次研究规定：SO_2、NO_2等柱浓度探测限为10ppm·m；探测误差，NO_2优于20%，SO_2优于25%。

针对上述指标要求，在实验室主要开展了浓度探测限和反演误差的测试。根据以上性能指标，研究了相应的性能测试方法。光谱分辨率、波长等采用测量汞灯的方法测试，气体柱浓度反演误差通过通入不同浓度的SO_2、NO_2气体测量。

1. 浓度探测限

将高纯N_2通入50cm样品池中，采用车载大气污染立体分布及输送被动DOAS遥测系统默认的参数设置，进行连续测量，共计11次，读取各组分的示值，计算各组分连续测量结果的标准偏差，标准偏差的3倍即为仪器对于各气体成分的浓度探测限（MDL），如式（2-29）所示。其结果应符合要求。

$$MDL = 3s = 3\sqrt{\frac{1}{n-1}\sum_{k=1}^{n}(T_k - \bar{T})^2} \tag{2-29}$$

式中　s——标准偏差；

　　　n——测量次数；

　　　T_k——第k次测量值；

　　　$\bar{T}$——浓度平均值。

NO_2和SO_2探测限见表2-3，NO_2探测限（检出限）为0.4ppm·m，SO_2探测限（检出限）为0.3ppm·m，符合指标要求。

NO₂和SO₂探测限

表2-3

组分	测量值（ppm·m）						检出限（ppm·m）
NO_2	−0.20	−0.14	−0.25	−0.24	0.02	0.01	0.4
	0.02	−0.16	−0.20	−0.42	−0.22		
SO_2	0.04	0.09	0.11	0.13	0.08	0.14	0.3
	0.19	0.04	−0.13	0.11	0.07		

2. 反演误差

车载DOAS开启后，选取标准值为400ppm、500ppm、800ppm的NO_2和SO_2气体，通入样品池，每种浓度测量6次，连续记录6次的测量结果，求其算术平均值，按式（2-30）计算反演误差，反演误差优于10％。NO_2和SO_2计算结果见表2-4。

$$A = \frac{\bar{C} - C_S}{C_S} \times 100\% \qquad (2-30)$$

式中　A——示值误差；

　　　$\bar{C}$——测量平均值；

　　　C_S——标准气体浓度值。

测试结果表明，NO_2和SO_2反演误差均优于20％，达到研究要求。

NO_2和SO_2计算结果　　　　　　　　　　　表2-4

组分	标准值（ppm）	标准值转换为柱浓度（ppm·m）	测量值（ppm·m）						示值误差（％）
NO_2	403	201.50	211.23	209.31	207.41	209.47	208.12	210.27	3.87
	500	250.00	255.60	258.05	255.73	259.00	258.68	259.45	3.10
	815	407.50	417.62	415.71	412.58	414.57	413.55	420.60	2.00
SO_2	408	204.00	211.75	210.63	212.26	210.86	211.61	213.96	3.85
	499	249.50	257.35	256.78	259.13	257.23	257.93	256.67	3.21
	786	393.00	384.95	386.01	385.07	383.57	385.97	386.04	−2.00

2.7 网格化排放清单获取方法

在基于车载DOAS走航观测数据的区域分布重构中，通常被测区域内包含点、面、线及自然排放源等，车载DOAS在观测中选择围绕区域道路及区域内网格道路开展走航观测，将获取的污染气体柱浓度插值重构为网格化的柱浓度分布。网格化排放清单获取方法见图2-24。

若观测区域内包含固定地基多轴DOAS站点，可同时将多轴DOAS获取的污染气体垂直柱浓度与水平分布信息引入插值，提高区域污染气体柱浓度重构准确性。

移动观测时，由于车速和积分时间不确定，获取的垂直柱浓度数据空间分辨率不均匀。根据采样点分布特征，按区域变化划分区域栅格（图2-25），结合数据在空间位置上的变异分布，确定对待插值位置有影响的距离范围，用此范围内的测量点来估计待插值点的垂直柱浓度，重构区域污染气体垂直柱浓度分布。

图 2-24　网格化排放清单获取方法

图 2-25　按区域变化划分区域栅格

任意有限区域内守恒量的传输行为都可以用连续偏微分方程来描述。主要涉及三方面要素：守恒量的源、通量散度和守恒量的时间变化率。对于估算有限区域内污染物排放量而言，物质对体积的微分比例，即痕量气体的浓度，通量也就是流量密度的矢量函数，即每单位时间单位面积的痕量气体流量。

对于网格化污染物的排放通量可以从网格化污染物垂直柱浓度分布和风场数据中获得，网格化通量计算原理示意图如图 2-26 所示，计算公式如式（2-31）所示。

$$Flux_{i,j} = \Delta VCD_{//\mathrm{v}} \cdot V \cdot L_{\perp\mathrm{v}} \qquad (2\text{-}31)$$

式中　$\Delta VCD_{//\mathrm{v}}$——该格点处污染物垂直柱浓度在风场方向上的变化量；

V——风矢量；

$L_{\perp\mathrm{v}}$——在风矢量方向垂直方向的截距。

根据实际测量情况可考虑采用三种风场数据来计算污染物排放通量：地面风场数据、风廓线雷达数据和模型数据。

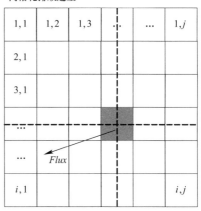

图 2-26 网格化通量计算原理示意图

2.8 外场点源验证观测实验

2.8.1 实验概况

2017 年 5 月,使用车载大气污染源排放遥测技术系统在安徽省淮南某发电厂开展了点源的观测实验,此次实验的目的旨在开展系统的对比验证、技术参数的实验测试和精度评估等。淮南某发电厂位置图如图 2-27 所示,发电厂周边以农田为主,是较为典型的孤立点源。

图 2-27 淮南某发电厂位置图

在此次实验中,为了探索风场的变化对通量测量结果的影响,在当地气象部门的帮助下，在观测期间每天平均释放 16 次探空气球，获得了风速、风向等气象要素的垂直变化信息。探空设备采用天象 GPS 探空仪（GPS-BL-2016 型），探空仪和探空气球释放如图 2-28 所示。

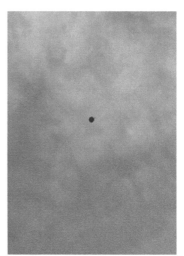

图 2-28　探空仪和探空气球释放

此外，为了探究不同车速、不同距离对测量结果的影响，在道路状况许可的条件下，在发电厂下风向不同距离处进行监测，获得通量结果与距离的关系。同时开展不同车速下的测量，获得车速和通量之间的关系。

2.8.2　实验结果及分析

1. 柱浓度反演

对采集的光谱进行处理，得到污染气体 SO_2、NO_2 的柱浓度。对于 SO_2 拟合，拟合波长选择 310～324nm，在这个波长内 SO_2 有三个强吸收峰。为了去除干扰，拟合过程中包含的截面有温度在 293K 时的 SO_2、NO_2、HCHO、O_3 截面以及 Ring 截面。同理，对于 NO_2 拟合，拟合波长选择 345～365nm，除了 SO_2 反演过程中包含的截面外，还包括在温度为 298K 时的 O_4 截面（表 2-5）。图 2-29 为一条测量谱的反演示例。

光谱反演所需的吸收截面 表 2-5

截面	来源
O_4	Greenblatt et al.，（1990）@298K
SO_2	Bogumil et al.，（2003）@293K
NO_2	Bogumil et al.，（2003）@293K
O_3	Bogumil et al.，（2003）@293K
HCHO	Bogumil et al.，（2003）@293K
Ring	来自 Frauenhofer

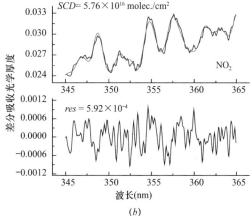

图 2-29 一条测量谱的反演示例

由图 2-29 可知：SO_2 的 SCD 为 $(1.92\times10^{17}\pm6.56\times10^{15})$ molec./cm^2，NO_2 的 SCD 为 $(5.76\times10^{16}\pm1.53\times10^{15})$ molec./cm^2。针对此条光谱 DOAS 的拟合误差为：SO_2 3.42％、NO_2 2.66％。而针对测量路径上的所有光谱，SO_2 拟合误差小于 20％，NO_2 拟合误差小于 15％。

2. 风场垂直信息

在观测时间段内，分别在上午、下午释放探空气球，根据 GPS 信号及天气状况，探空气球上升时间为 10～30min，最大上升高度约为 5000m。对探空数据解析获得了风速、风向垂直变化信息，如图 2-30 所示。

3. 不同车速、不同距离的柱浓度分布结果

在观测期间，在西风风场的影响下，在发电厂下风向开展了不同车速的监测，获得了不同车速下 SO_2、NO_2 的柱浓度分布，如图 2-31 所示。

图 2-30　风速、风向垂直变化信息（一）

图 2-30　风速、风向垂直变化信息（二）

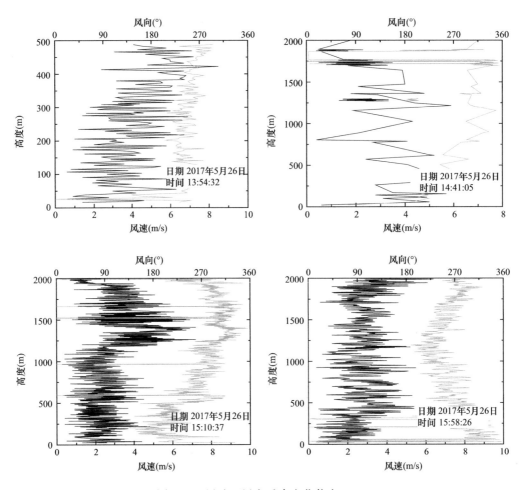

图 2-30 风速、风向垂直变化信息（三）

结果显示：不同车速下可明显观测到烟羽的峰值。低速下，由于采样点较多，高值点较为集中，在相对高速下高值采样点较少，NO₂ 的结果表现得更为明显。不同距离 SO₂、NO₂ 的柱浓度分布结果，如图 2-32 所示。

4. 通量计算及分析

1）通量计算

被动 DOAS 区域污染气体输送通量监测系统对污染源排放通量进行测量时，系统输出数据为经纬度、车速、汽车行驶方向以及每个测量点上的污染气体柱浓度。结合测量时的积分时间、风速，计算出污染源的污染物排放通量，其计算式为式（2-22）。

像工业区或城市这样的区域，在下风向测得它对外的排放通量不仅包括了本区域内各种污染源的排放，而且也包括了来自区域以外上风向污染气体的影响，所以，为了精确获得区域内污染气体排放通量，通常采用围绕区域一周连续测量的方法，根据风向、风速，判断进出该区域通量的差值，获得净排放通量，即式（2-24）。

图 2-31　不同车速下 SO_2、NO_2 的柱浓度分布（一）

图 2-31　不同车速下 SO_2、NO_2 的柱浓度分布（二）

图 2-32　不同距离 SO_2、NO_2 的柱浓度分布结果（一）

图 2-32　不同距离 SO_2、NO_2 的柱浓度分布结果（二）

考虑本次实验观测的污染源为孤立污染源，对周围其他的污染可以忽略不计，在计算通量时只需扣除环境本底污染物通量即可。

车载 DOAS 与在线监测通量对比，如图 2-33 所示。

图 2-33　车载 DOAS 与在线监测通量对比

2）数据分析

（1）汽车速度的选择

在车载 DOAS 观测中，车速的选择是一个重要的影响因素。车速过慢，随着烟羽的排放，会导致观测烟羽的变换，从而导致排放的烟羽和车载 DOAS 观测的不一致。车速过快，烟羽峰值则有可能没有被 DOAS 捕捉到。选择不同车速，观测采样频率也会不同，因此，不同的采样频率会直接影响车载 DOAS 观测实验的最终效果。基于不同车速下反演的 SO_2 以及 NO_2 柱浓度，结合通量计算式，并对比发电厂 CEMS 在线监测数据，可得出最佳采样频率，进而得出最佳观测车速平均值为 30～40km/h，考虑误差等因素，最佳观测平均车速为（36.21±5.44）km/h。

（2）风场的应用

通量的计算依赖风场，风场的不确定性对排放通量计算影响最大。在实验中，汽车通过在烟羽下方行驶进行烟羽剖面扫描测量，假设在每条测量谱的积分时间 Δt 内，仪器运动了 Δx 距离，而烟羽在风作用下移动了 Δy 距离，此时测量过程中采样点的气体垂直柱浓度 VCD 反映的是测量烟羽的平均柱浓度。

假定烟羽流动方向（即风向）与观测剖面成 α 角，Δt 内垂直通过剖面的通量可以写作：

$$F_j = VCDV_{车j}V_{风\perp j}\Delta t \tag{2-32}$$

式中　$V_{风\perp}$——风向垂直汽车行驶方向的分量；

　　　　j——采样点；

　　　　$V_{车j}$——j 次测量期间的车速。

在通量测量计算中，将车载 DOAS 选取烟羽高度上的风廓数据代入，进行通量计算。

在车载 DOAS 测量中，采用烟羽高度上的风速计算排放通量，烟羽高度上的风速可以通过风廓线获取。

本次观测实验，代入 200m 高空风场数据计算通量，与在线监测数据对比最为接近。

2.9　车载 DOAS 遥测通量网格化排放清单重构仿真

为了评估基于车载 DOAS 系统的网格化排放量获取方法的可行性及误差，本节将通过 MATLAB 构建典型的高斯烟羽扩散模型，构建理想情况下单个高架点源的污染物浓度扩散数值模型，通过数值仿真的方式验证算法。

2.9.1　理想高斯烟羽扩散模型的构建

构建 1000m×100m×500m 的立体网格，在（0m，50m，50m）位置放置一个持续排放的高架点源。在精简模型的同时，充分地获取污染物扩散细节，根据典型的高斯烟羽扩散模型将水平距离、垂直距离、垂直高度的空间分辨率分别设置为 10m、1m、1m。

结合现实情景，模型以 SO_2 排放为例。假设气体衰减率为 0，即污染气体自烟囱排出后在扩散过程中，不发生化学转化。该高架点源 SO_2 的排放量为 0.5kg/s，排放烟囱高度定为 50m，风速为 1m/s。基于以上设置，分别截取高度为 0m、50m、100m、500m 截面，构建了污染物浓度扩散模型。不同高度截面的 SO_2 扩散分布如图 2-34 所示。

50m 高度高架点源在扩散至 500m 高度时，污染物浓度已处在极低水平。根据本书 1.2 节介绍的 DOAS 原理，车载 DOAS 系统实际测量的是污染层整层的积分柱浓度，为了满足仿真需要，我们将三维高斯烟羽扩散数值模型在 z 方向积分，降一维获取典型的高架点源扩散的 SO_2 柱浓度分布，如图 2-35 所示。

最终通过数值仿真得到在 1m/s 风场下，高 50m 处 SO_2 排放量为 0.5kg/s 的高架点源在 100m×1000m 仿真区域内柱浓度的扩散情况。在柱浓度分布的基础上，选择有限 x 方向数据及 y 方向数据，作为虚拟的观测路线，最终得到模拟的车载 DOAS 数据，如图 2-36 所示。

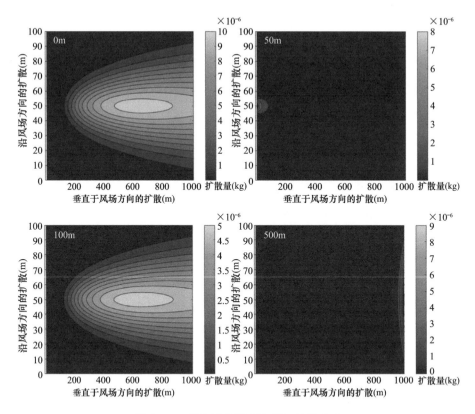

图 2-34　不同高度截面的 SO_2 扩散分布

图 2-35　典型的高架点源扩散的 SO_2 柱浓度分布

2.9.2　污染物柱浓度分布重构

对理想高斯烟羽扩散的数值模拟结果，结合模型的风场设定，运用风场约束的柱浓度分布蒙特卡洛空间条件模拟，可以实现模型区域 SO_2 柱浓度分布的重构以及重构误差评估。风场设置为西风，偏移角度设置为 $\pm15°$。

图 2-36 模拟的车载 DOAS 数据

对比重构结果与原始的模拟结果，两图 SO₂ 柱浓度分布一致，无明显差异，完美地再现了 SO₂ 柱浓度高值区域。但对于柱浓度数值极低的区域，由于算法限制，未能很好地模拟，但在实际中，不存在类似的极低数值。因此，在对实际大气的模拟中，对于污染气体柱浓度的低值区域，会有更好的模拟效果。

将重构结果与原始的高斯烟羽扩散的数值模拟结果，统一空间坐标系后，求两者相关性，在不去除极低值区域带来的误差条件下，模拟结果与重构结果的皮尔森相关系数达到 0.96，两者高度相关，由相关性系数证明了风场约束的柱浓度分布蒙特卡洛空间条件模拟的重构效果，如图 2-37 所示。

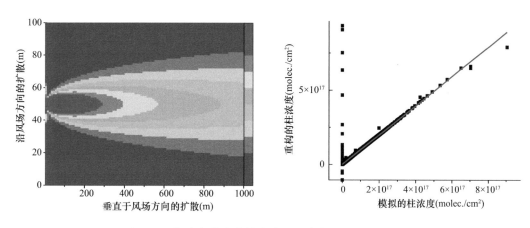

图 2-37 柱浓度分布蒙特卡洛空间条件模拟的重构效果

为了定量获取网格化排放清单的误差，柱浓度重构误差也是模拟的重要输出，因此，为了评估风场约束的柱浓度分布模拟方法的误差模拟效果，将蒙特卡洛空间条件模拟误差同模拟值相对于真实值的相对误差对比，得到如图 2-38 所示的重构误差分布对比。

图 2-38（a）为通过风场约束的柱浓度分布蒙特卡洛空间条件模拟方法获取的不确定性误差，图 2-38（b）为蒙特卡洛空间条件模拟重构结果相对于数值模型的相对误差。由两图误差分布结果，可以得到结论：基于数学统计方法的蒙特卡洛空间条件模拟获取的误差与实际的相对误差在分布上无明显差异。风场约束的柱浓度分布蒙特卡洛空间条件模拟误差分析真实地评价了模拟效果。

图 2-38　重构误差分布对比

2.9.3　排放量仿真计算及排放量误差评估

由于构建的是理想高斯烟羽扩散模型，因此可以通过下风向模拟的车载观测路径获取污染源的排放通量。根据上面的模拟结果，分别在横轴为 40、140、240、340、440、540、640、740、840、940 等位置上模拟了 10 条观测路径。对模拟的 10 条观测路径分别计算排放量，并计算其相对于原仿真源的相对误差，计算排放量对比如图 2-39 所示。

图 2-39　计算排放量对比

由排放量估算结果可知，相对误差均在1.5%以下，证明了算法的可靠性。但在不同观测路径下，估算通量相对误差略有差异，在观测位置500m，存在最佳观测距离。

基于被动DOAS系统的排放清单获取方法可以实现网格化排放量的获取，风场为1m/s的均—西风，耦合柱浓度分布，计算网格化排放量结果如图2-40所示。

利用基于被动DOAS系统的排放清单获取方法，处理数值仿真数据，实现了污染源位置定位及排放源强计算。污染源定位至（0，50）坐标处，同初始的高架点源位置一致，该位置排放量计算为0.509kg/s，较原仿真源强的相对误差为1.8%。

图 2-40 计算网格化排放量结果

第 3 章
京津冀大气面源污染分布及排放特征

京津冀大气面源污染分布及排放既是学术问题，也是社会热点问题。利用车载 DOAS 对污染进行走航观测是核心手段。气象作为污染形成的一个重要影响因素，在观测中必不可少，因此，针对京津冀大气面源污染分布及排放问题，车载 DOAS 走航观测以气象预测为前提，特征分析以气象观测作为基础。3.1 节主要内容为观测结果，作为污染特征分析的基础，在 3.2 节特征分析中以污染特征分析为主。

3.1 观测结果

2017 年春、夏、秋、冬四季以及 2018 年春、夏两季观测共计 42 天，车载 DOAS 有效获取数据 10 万余条，行驶里程共计 2 万余千米，气象观测数据 1200GB，服务器工作时长 2300h。

3.1.1 观测区域及路线设置

实验方案主要包含了两大部分，分别是北京市重点区域的绕行路线以及城市间输送通道的走航观测，重点关注老城区、商业集中区、重点工业区、预期改造区，以及未来发展战略区等区域的污染物排放情况。观测区域以及路线设置如图 3-1 所示。

图 3-1 观测区域以及路线设置

1. 针对北京城区的观测

北京城区观测涵盖了北京重要环路、重要的放射线、商业集中区、十里河建材城、通州区、北京大兴国际机场，北京城区观测路线如图 3-2 所示。

图 3-2　北京城区观测路线

2. 针对北京及其他城市连接线的观测

针对污染物的输送通道及输送通道截面，设计了北京到北京周围的多条城市走航观测路线，如图 3-3 所示。

图 3-3　城市走航观测路线

3.1.2　2017 年春季观测结果

在 2017 年 4 月 22 日至 5 月 1 日进行春季观测，2017 年春季观测时间见表 3-1。

日期	时间	区域
4 月 22 日	9：00～15：00	北京内环路、二环路、五环路
4 月 23 日	9：00～15：00	北京三环路、四环路
4 月 24 日	9：00～15：00	环路放射线、国贸 CBD、十里河
4 月 25 日	9：00～15：00	通州区
4 月 26 日	9：00～15：00	北京大兴国际机场
4 月 27 日	9：30～15：00	北京—唐山、北京—石家庄
4 月 28 日	9：00～15：00	北京—张家口
4 月 30 日	9：00～15：00	北京—保定—天津
5 月 1 日	9：00～15：00	北京—沧州

1. 气象观测结果

1）北京主城区

（1）气象条件分析

2017 年 4 月 22 日观测时段气象条件如图 3-4 所示：观测时段（9：00～15：00）内，主城区以西南风或西南偏南风为主，平均气温为 23.0℃，平均相对湿度为 21.3％，平均风速为 4.9m/s，观测时段内的风速呈明显的上升趋势，午后的风速基本大于 6m/s。

图 3-4　2017 年 4 月 22 日观测时段气象条件

2017 年 4 月 23 日观测时段气象条件如图 3-5 所示：观测时段（9：00～15：00）内，主城区以东北风或东北偏东风为主，平均气温为 21.0℃，平均相对湿度为 16.9%，平均风速为 3.3m/s，其中，9：00～12：00 间的平均风速为 4.0m/s，12：00～15：00 间的平均风速为 2.5m/s，午后的风速明显减弱。

图 3-5　2017 年 4 月 23 日观测时段气象条件

（2）三维风场模拟

2017 年 4 月 22 日 CALMET 模拟结果显示：北京主城区以偏南风为主。低层风场（10m）风速较小，且受近地面地形及建筑影响，在城区出现一些风向扰动；由于北京二环路内主要为老城区，平均建筑物高度较低，下垫面粗糙度略小，当风吹向城市时，高密度建设的城市粗糙度大，使得近地面风速减小，进入老城区时由于粗糙度减小而风速有所增大，因此，在二环路内存在一些风速较大区域。高层风场（200m）不受城市建设影响，风场为平直的西南风，风速较大。

2017 年 4 月 23 日 CALMET 模拟结果显示：北京主城区以偏东风为主。低层风场（10m）整体风速较小，二环路内仍有风速大值区。高层风场（200m）为偏北风，风速较大，城区外的西北和东南部为大风速区。

2）通州区

（1）气象条件分析

2017 年 4 月 25 日观测时段气象条件如图 3-6 所示：观测时段（9：00～15：00）内，通州区以西北偏北风为主，平均气温为 16.4℃，平均相对湿度为 18.1%，平均风速为 3.0m/s，观测时段内的风速呈微弱的下降趋势。

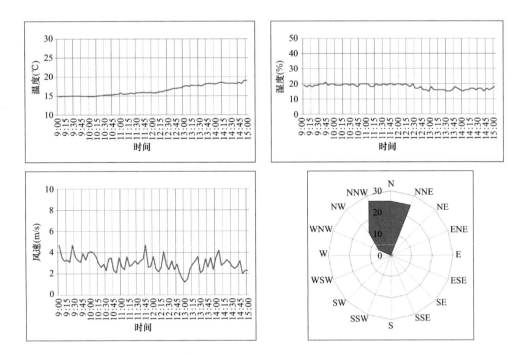

图 3-6 2017 年 4 月 25 日观测时段气象条件

（2）三维风场模拟

2017 年 4 月 25 日通州区域 CALMET 模拟结果如图 3-7 所示：通州区域以偏北风为主；低层风场（10m）和高层风场（200m）均体现为城区风速小、城郊风速大的特征；高层风速大于低层风速。

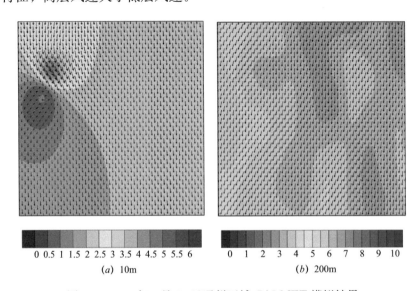

（a）10m   （b）200m

图 3-7 2017 年 4 月 25 日通州区域 CALMET 模拟结果

3）北京大兴国际机场区域

（1）气象条件分析

2017年4月26日观测时段气象条件如图3-8所示：观测时段（9：00～15：00）内，北京大兴国际机场地区的主导风为北风和东北偏北风，平均气温为20.8℃，平均相对湿度为14.8%，平均风速为3.4m/s，观测时段内的风速变化较为平稳。

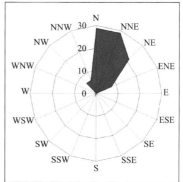

图3-8　2017年4月26日观测时段气象条件

（2）三维风场模拟

2017年4月26日北京大兴国际机场CALMET模拟结果如图3-9所示：北京大兴国际机场以偏北风为主，整体风速较大；高层风场风速大于低层风场风速。

4）北京—石家庄

（1）大气环流特征

2017年4月27日地面天气图显示：蒙古高压前部有冷空气分裂南下，受气压梯度力影响，京津冀地面风场由西北风转为偏西风。北京地区午后风力较大（6m/s），唐山地区亦午后风力加大（6～10m/s），石家庄地区风力偏小（2～6m/s）。

（2）三维风场模拟

2017年4月27日北京—石家庄WRF模拟结果如图3-10所示：北京—石家庄—唐山区域以偏北风为主，整体风速较大；西北和东南区域为大风速区；高层大风速区范围和风速均增大。

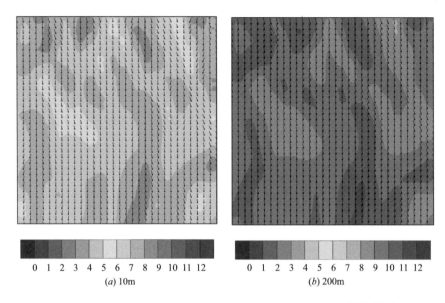

0 1 2 3 4 5 6 7 8 9 10 11 12　　　　0 1 2 3 4 5 6 7 8 9 10 11 12

(*a*) 10m　　　　　　　　　　　(*b*) 200m

图 3-9　2017 年 4 月 26 日北京大兴国际机场 CALMET 模拟结果

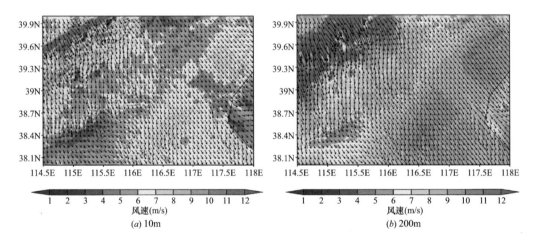

图 3-10　2017 年 4 月 27 日北京—石家庄 WRF 模拟结果

5）北京—张家口

（1）大气环流特征

2017 年 4 月 28 日地面天气图显示：京津冀地区为高压前部，大部分地区以偏西风为主。京津冀西北部地区以西北风为主，午后风力加大（6～12m/s）；北京地区以偏西风为主，风力偏小（2～6m/s）。

（2）三维风场模拟

2017 年 4 月 28 日北京—张家口 WRF 模拟结果如图 3-11 所示：北京—张家口区域以西北风为主，整体风速较大；西部区域风速大于东部区域风速；高层大风速区范围和风速均增大。

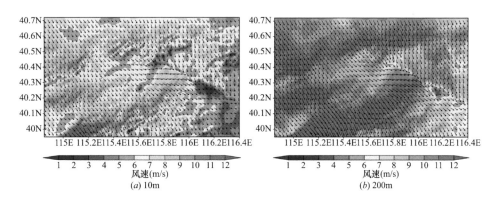

图 3-11 　2017 年 4 月 28 日北京—张家口 WRF 模拟结果

6）北京—保定—天津

（1）大气环流特征

2017 年 4 月 30 日地面天气图显示：京津冀南部、东南部地区呈一个气旋性的风场，东部、东北部、中部以偏东风为主，西北部地区以西北风为主；京津冀北部地区以偏东风为主，中、南部地区以东北风为主。北京地区以东南风为主，风力较小；天津、保定以偏东风为主，8：00～14：00 风力较大（4～8m/s）。

（2）三维风场模拟

2017 年 4 月 30 日北京—保定—天津 WRF 模拟结果如图 3-12 所示：北京—保定—天津区域南部以偏东风为主，北部转为东南风；南部区域风速较大，北部区域风速较小；高层风场分布与低层相似，大风速区范围和风速均增大。

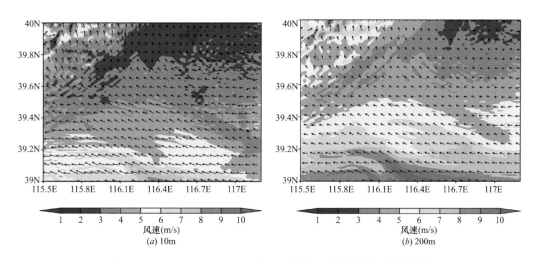

图 3-12 　2017 年 4 月 30 日北京—保定—天津 WRF 模拟结果

2. 污染物分布

京津冀地区 2017 年春季观测结果如图 3-13 所示。

图 3-13　京津冀地区 2017 年春季观测结果

注：本书中，NO_2、SO_2 和 HCHO 柱浓度分布图均为 $1\times10^{-6}m$，NO_2、SO_2 和 HCHO 色阶图为 0～50。

3.1.3　2017 年夏季观测结果

2017 年 8 月 4 日至 8 月 15 日进行了夏季观测，2017 年夏季观测时间表见表 3-2。

2017 年夏季观测时间表　　　　　　　　　表 3-2

日期	时间	区域
8 月 4 日	9：00～15：00	北京二环路、三环路、四环路、五环路
8 月 5 日	10：30～15：00	北京—张家口
8 月 6 日	9：00～15：00	北京二环路、三环路、四环路、五环路、放射线
8 月 7 日	10：30～15：00	通州区域、北京—石家庄
8 月 8 日	9：30～14：30	北京—沧州、北京—唐山
8 月 10 日	9：30～15：00	北京—保定—沧州
8 月 14 日	10：00～15：00	国贸 CBD、十里河
8 月 15 日	13：00～15：00	北京大兴国际机场

1. 气象观测结果

1）北京主城区

（1）气象条件分析

2017 年 8 月 4 日观测时段气象条件如图 3-14 所示：观测时段（9：00～15：00）内，主城区以东北风或东北偏东风为主，平均气温为 34.4℃，平均相对湿度为 46.2%，平均风速为 1.8m/s，观测时段内的风速呈微弱的下降趋势。

2017 年 8 月 6 日观测时段气象条件如图 3-15 所示：观测时段（9：00～15：00）内，主城区以西风或西北偏西风为主，平均气温为 33.2℃，平均相对湿度为 41.9%，平均风速为 2.7m/s。风速在 11：30 后有较大的整体攀升，其中，9：00～11：30 的平均风速为 1.4m/s，11：30～15：00 的平均风速为 3.6m/s。

图 3-14　2017 年 8 月 4 日观测时段气象条件

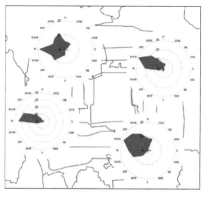

图 3-15　2017 年 8 月 6 日观测时段气象条件

（2）三维风场模拟

2017 年 8 月 4 日北京主城区 CALMET 模拟结果如图 3-16 所示：北京主城区整体风速较小。低层风场（10m）受近地面地形及建筑影响，在城区出现偏北风的绕流；由于北京二环路内主要为老城区，平均建筑物高度较低，下垫面粗糙度略小，当风吹向城市时，高密度建设的城市粗糙度大，使得近地面风速减小，进入老城区时由于粗糙度减小而风速略有增大；因此，在二环路内存在一风速较大区域。高层风场（200m）不受城市建设影响，风场为平直的东北风，风速较低层略大。

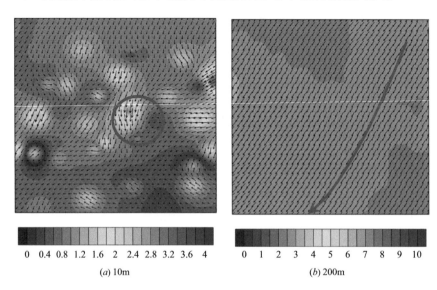

(a) 10m (b) 200m

图 3-16   2017 年 8 月 4 日北京主城区 CALMET 模拟结果

2017 年 8 月 6 日北京主城区 CALMET 模拟结果如图 3-17 所示：北京主城区整体风速较大。低层风场（10m）西部区域风速较大，进入城区后风速逐渐减小，下风向的城区边缘风速又开始增大，二环路内仍有风速大值区。高层风场（200m）为较为平直的西北风，西北部风速较大，东南部的下风向风速逐渐减小。

2）通州区域

（1）气象条件分析

2017 年 8 月 7 日观测时段气象条件如图 3-18 所示：观测时段（10：00～15：00）内，以偏北风为主，平均气温为 32.2℃，平均相对湿度为 41.7%，平均风速为 2.9m/s，观测时段内的风速在 12：20 达到最大值 4.5m/s 后，午后的风速呈明显的下降趋势。

（2）三维风场模拟

2017 年 8 月 7 日通州区域 CALMET 模拟结果如图 3-19 所示：通州区域以偏北风为主；低层风场（10m）和高层风场（200m）均体现为城区风速小、城郊风速大的特征；高层风速大于低层风速。

图 3-17　20　　　　　　　模拟结果

图 3-20　　　　　　　　7 日观测时段气象条件

3）

（1

20　　　　　　　　条件如图 3-20 所示：观测时段（13：00～
15：00）　　　　　　区以西南风为主，平均气温为 30.7℃，平均相对湿度为 63％，平均风速为 1.9m/s，观测时段内的风速变化较为平稳。

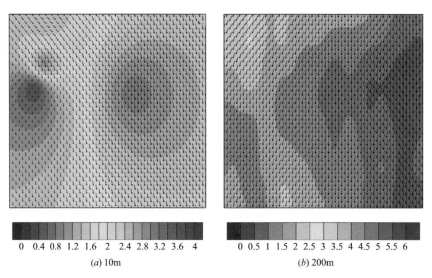

(a) 10m   (b) 200m

图 3-19 2017 年 8 月 7 日通州区域 CALMET 模拟结果

图 3-20 2017 年 8 月 15 日观测时段气象条件

（2）三维风场模拟

2017 年 8 月 15 日北京大兴国际机场 CALMET 模拟结果如图 3-21 所示：北京大兴国际机场以偏南风为主，整体风速较小。低层风场（10m）受下垫面影响，风向有东南、西南方向摆动；高层风场（200m）则为较平直的南风，风速大于低层。

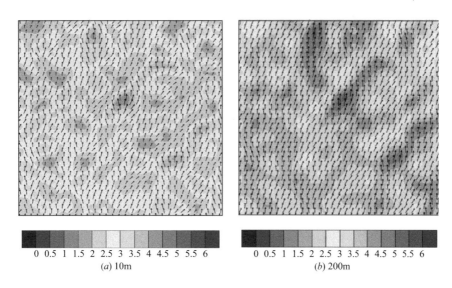

(a) 10m   (b) 200m

图 3-21　2017 年 8 月 15 日北京大兴国际机场 CALMET 模拟结果

4）北京—张家口

（1）大气环流特征

2017 年 8 月 5 日地面天气图显示：蒙古国西部有一高压形成，但随着时间推移而减弱，对京津冀地区影响并不明显。京津冀地区气压场仍偏弱。

（2）三维风场模拟

2017 年 8 月 5 日北京—张家口 WRF 模拟结果如图 3-22 所示：北京—张家口区域西部以西风和西北风为主，东部以偏南风和东南风为主，交会于燕山山脉处；山区风速大，山谷风速小；高层风向与低层风向分布基本一致，西风带高层风速大于低层风速。

(a) 10m   (b) 200m

图 3-22　2017 年 8 月 5 日北京—张家口 WRF 模拟结果

5）北京—石家庄

（1）大气环流特征

2017 年 8 月 7 日地面天气图显示：8 时京津冀地区为高压前部控制，以西北风为主；11 时地面风向发生变化，沿山地区以西北风为主，平原地区以东北风为主，其中石家庄地区以西北风为主；14 时，京津冀地区均转为东北风为主，但风力不大。

（2）三维风场模拟

2017 年 8 月 7 日北京—石家庄 WRF 模拟结果如图 3-23 所示：北京—石家庄区域以偏北风为主，东部和西北角风速较大，山前区域出现南—北向的小风速带；高层大风速区范围和风速均增大。

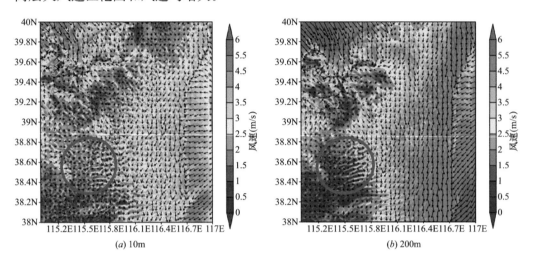

(a) 10m   *(b)* 200m

图 3-23　2017 年 8 月 7 日北京—石家庄 WRF 模拟结果

6）北京—沧州

（1）大气环流特征

2017 年 8 月 8 日地面天气图显示：8 时地面风场在北京东南部、北京北部、唐山、秦皇岛一线有一条辐合线，其南部以偏南风为主，北部以偏东风为主；11 时地面辐合线从秦皇岛经唐山至天津市中部。14 时地面同样为低压场控制，京津冀大部分地区为偏南风控制，特别是沧州、天津、唐山、秦皇岛等沿渤海的城市，均为偏南风。

（2）三维风场模拟

2017 年 8 月 8 日北京—沧州 WRF 模拟结果如图 3-24 所示：北京—沧州区域整体以偏南风为主；区域东部为东南风，风速较大；中部为南风，风速较小；区域西北角出现较大的西北风。高层风向与低层风向基本一致，高层风速大于低层风速。

7）北京—唐山

（1）大气环流特征

大气环流特征与北京—沧州部分相同。

（2）三维风场模拟

2017 年 8 月 8 日北京—唐山 WRF 模拟结果如图 3-25 所示：北京—唐山区域

低层风场（10m）南部区域以东南风为主，到中部和北部逐渐转为偏东风；高层风场（200m）南部区域以南风为主，到中部和北部逐渐转为东南风。区域整体风速较小，高层风速略大于低层风速。

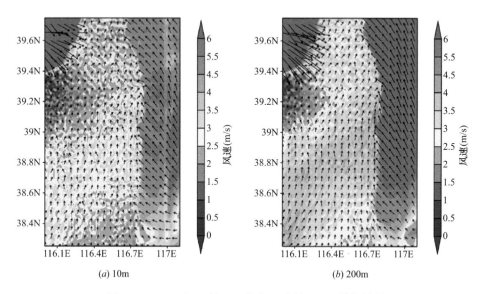

(a) 10m   (b) 200m

图 3-24　2017 年 8 月 8 日北京—沧州 WRF 模拟结果

(a) 10m   (b) 200m

图 3-25　2017 年 8 月 8 日北京—唐山 WRF 模拟结果

8）北京—保定—沧州

（1）大气环流特征

2017 年 8 月 10 日地面天气图显示：蒙古国西部有一高压、东部有一低压，随着时间推移，高、低压不断东移，京津冀地区逐渐转为低压前部控制，地面风场也逐步转为西南风，风速也逐渐转大。

（2）三维风场模拟

2017 年 8 月 10 日北京—保定—沧州 WRF 模拟结果如图 3-26 所示：北京—保定—沧州区域以偏南风为主，南部为西南风，北部转为南风；整体风速较小；高层风速略大于低层风速。

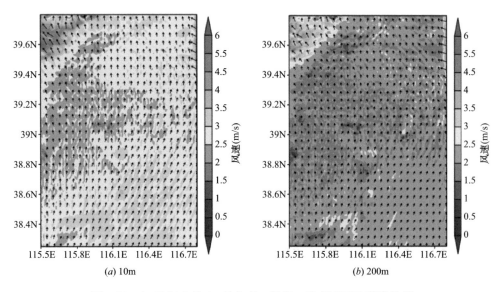

(a) 10m   (b) 200m

图 3-26   2017 年 8 月 10 日北京—保定—沧州 WRF 模拟结果

2. 污染物分布

京津冀地区 2017 年夏季观测结果如图 3-27 所示。

图 3-27   京津冀地区 2017 年夏季观测结果

3.1.4   2017 年秋季观测结果

在 11 月 5 日至 11 月 13 日进行了为期 5 天的秋季观测，2017 年秋季观测时间表如表 3-3 所示。

表 3-3

2017 年秋季观测时间表

日期	时间	区域
11 月 5 日	8：00～14：00	北京—沧州
11 月 8 日	9：00～13：00	国贸 CBD、十里河、通州区域、北京—唐山

日期	时间	区域
11月9日	8：00～14：30	北京—张家口、北京—石家庄
11月11日	9：00～15：00	北京二环路、三环路、四环路、五环路、放射线
11月13日	8：00～15：00	北京大兴国际机场、北京—保定—沧州

1. 气象观测结果

1）北京主城区

（1）气象条件分析

2017年11月11日观测结果显示：在11月11日观测时段（9：00～15：00）内，主城区以西南偏南风和西南偏西风为主，平均气温6.6℃，平均相对湿度30.3％，平均风速2.8m/s，观测时段内的风速呈明显的增大趋势，12：00～15：00的平均风速为3.7m/s。2017年11月11日观测时段气象条件见图3-28。

图3-28　2017年11月11日观测时段气象条件

（2）三维风场模拟

2017年11月11日CALMET模拟结果显示：低层风场（10m）以西南风为主，风速较小（1.5～3.5m/s）；高层风场（200m）风速增大（3～5m/s），以西南风、南风为主。2017年11月11日北京主城区CALMET模拟结果见图3-29。

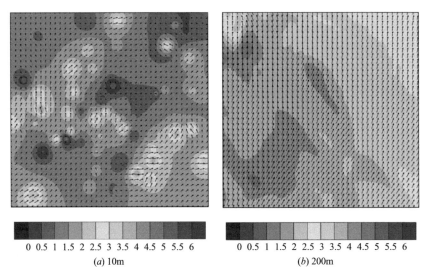

0 0.5 1 1.5 2 2.5 3 3.5 4 4.5 5 5.5 6
(a) 10m

0 0.5 1 1.5 2 2.5 3 3.5 4 4.5 5 5.5 6
(b) 200m

图 3-29　2017 年 11 月 11 日北京主城区 CALMET 模拟结果

2）通州区域

（1）气象条件分析

2017 年 11 月 8 日观测结果显示：在 11 月 8 日观测时段（9：00～13：00）内，以东南偏东风和东南风为主，平均气温 11.9℃，平均相对湿度 33.7%，平均风速 2.5m/s，观测时段内的风速变化较为平稳。2017 年 11 月 8 日观测时段气象条件见图 3-30。

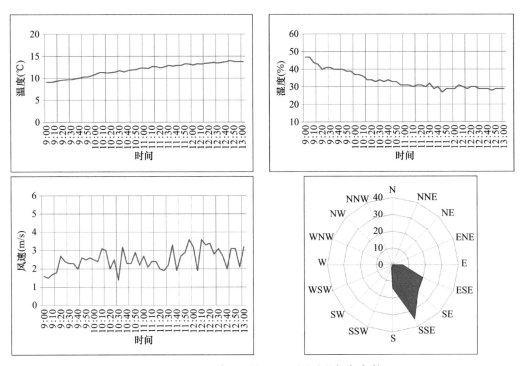

图 3-30　2017 年 11 月 8 日观测时段气象条件

（2）三维风场模拟

2017 年 11 月 8 日 CALMET 模拟结果显示：通州区域以偏南风为主；低层风速小（2.5m/s），高层风速大（4.0m/s）。2017 年 11 月 8 日通州区域 CALMET 模拟结果见图 3-31。

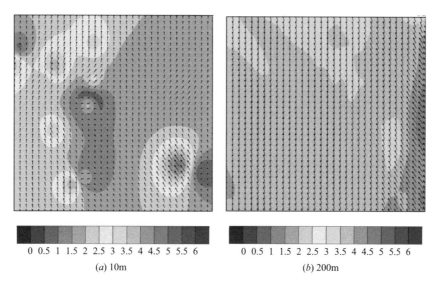

0 0.5 1 1.5 2 2.5 3 3.5 4 4.5 5 5.5 6   0 0.5 1 1.5 2 2.5 3 3.5 4 4.5 5 5.5 6

(a) 10m   (b) 200m

图 3-31　2017 年 11 月 8 日通州区域 CALMET 模拟结果

3）北京大兴国际机场

（1）气象条件分析

2017 年 11 月 13 日观测结果显示：在 11 月 13 日观测时段（13：00～15：00）内，以北风和东北偏北风为主，平均气温 12.0℃，平均相对湿度 13.2%，平均风速 3.4m/s，观测时段内的风速在 14：30 之后有所增大。2017 年 11 月 13 日观测时段气象条件见图 3-32。

（2）三维风场模拟

2017 年 11 月 13 日 CALMET 模拟结果显示：低层风场（10m）以偏北风为主，

图 3-32　2017 年 11 月 13 日观测时段气象条件（一）

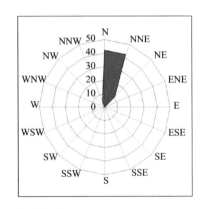

图 3-32 2017 年 11 月 13 日观测时段气象条件（二）

风速 3m/s，与观测较为吻合；高层风场（200m）以西北风为主，风速大，约为 10m/s；北部风速大、南部风速小。2017 年 11 月 13 日北京大兴国际机场 CALMET 模拟结果见图 3-33。

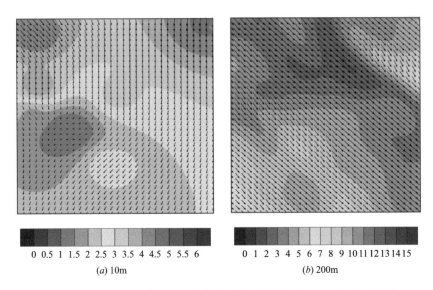

图 3-33 2017 年 11 月 13 日北京大兴国际机场 CALMET 模拟结果

4）北京—沧州

（1）大气环流特征

2017 年 11 月 5 日地面天气图显示：8 时京津冀北京以南地区，地面风以西南风为主，北京地区以东北风为主，但风速较小。14 时京津冀大部分地区均转为西南风，包括北京大部分地区和沧州地区，而沧州市南部地区地面风速也明显加大。

（2）三维风场模拟

2017 年 11 月 5 日北京—沧州 WRF 模拟结果如图 3-34 所示：以西南风为主；低层风场（10m）风速为 1～4m/s；高层风场（200m）风速为 4～6m/s；北部风速小、南部风速大。

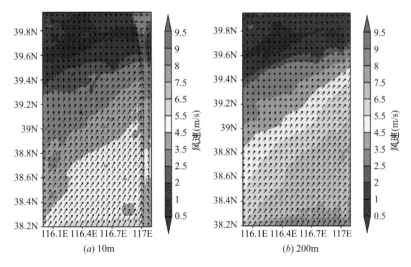

图 3-34 2017 年 11 月 5 日北京—沧州 WRF 模拟结果

5）北京—唐山

（1）大气环流特征

2017 年 11 月 8 日天气图显示：8 时京津冀地区由南向北出现一条明显的风向辐合线，辐合线东侧以偏东风为主，西侧以西北风为主，其中，北京地区以西北风为主，唐山以偏东风为主；11 时辐合线北段略南压、南段略西进，风速略增（由 2m/s 增至 4m/s）。

（2）三维风场模拟

2017 年 11 月 8 日北京—唐山 WRF 模拟结果如图 3-35 所示：北京—唐山区域低层风场（10m）以偏东风为主；高层风场（200m）东部区域以偏东风为主，到西部逐渐转为东南风；区域整体风速为 1～3m/s，东部风速较小、西部风速较大。

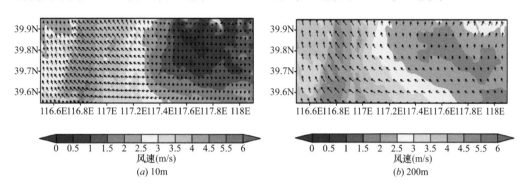

图 3-35　2017 年 11 月 8 日北京—唐山 WRF 模拟结果

6）北京—张家口

（1）大气环流特征

2017 年 11 月 9 日 8 时地面天气图显示：北京地区以偏北风为主，张家口地区以西北风为主，石家庄地区以偏西风为主。11：00～14：30，张家口地区仍以西北风为主，且风力逐渐加大，北京和石家庄地区转为东南风为主。

（2）三维风场模拟

2017 年 11 月 9 日北京—张家口 WRF 模拟结果如图 3-36 所示：北京—张家口区域高低层风场较为一致；山区以偏西风为主，风速大（5m/s），通道区域以偏东风为主，风速小（2m/s）。

图 3-36　2017 年 11 月 9 日北京—张家口 WRF 模拟结果

7）北京—石家庄

（1）大气环流特征

大气环流特征与北京—张家口部分相同。

（2）三维风场模拟

2017 年 11 月 9 日北京—石家庄 WRF 模拟结果如图 3-37 所示：北京—石家庄区域高低层风场较为一致；北部以偏北风为主，南部以偏西风为主；东南部风速较大（4m/s）；通道区域风速较小（1m/s）。

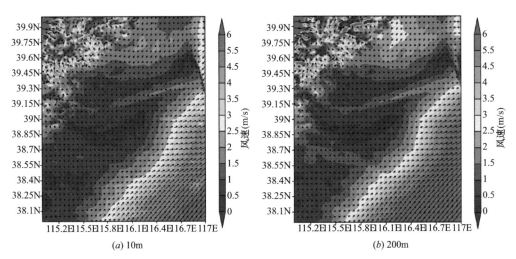

图 3-37　2017 年 11 月 9 日北京—石家庄 WRF 模拟结果

8）北京—保定—沧州

（1）大气环流特征

2017年11月13日天气图显示：京津冀地区特别是北京、保定、沧州地区，8：00～14：00，地面均以西北风为主，风速较大。

（2）三维风场模拟

2017年11月13日北京—保定—沧州WRF模拟结果如图3-38所示：北京—保定—沧州区域以西北风为主，风速较大。低层（10m）风速为6m/s；高层（200m）风速为10m/s。

(a) 10m　　　　　　　　　　*(b)* 200m

图3-38　2017年11月13日北京—保定—沧州WRF模拟结果

2. 污染物分布

京津冀地区2017年秋季观测结果如图3-39所示。

图3-39　京津冀地区2017年秋季观测结果

3.1.5　2017年冬季观测结果

在2018年1月18日至1月23日进行了冬季观测，冬季观测时间见表3-4。

2017年冬季观测时间表（2018年1月）　　　　表3-4

日期	时间	区域
1月18日	9：00～15：00	北京二环路、三环路、四环路、五环路、放射线
1月19日	9：30～15：00	北京二环路、三环路、四环路、五环路、放射线
1月20日	9：00～14：30	国贸CBD、十里河、通州区域、北京—唐山
1月21日	9：00～14：00	北京—保定—沧州、北京—张家口
1月23日	9：00～11：00	北京大兴国际机场、北京—沧州、北京—石家庄

1. 气象观测结果

1）北京主城区

（1）气象条件分析

2018年1月18日观测时段气象图如图3-40所示：在1月18日观测时段（9：00～15：00）内，主城区以东北偏东风或西南偏西风为主，平均气温为1.6℃，平均相对湿度为27.3％，平均风速为1.5m/s。观测时段9：00～12：00平均风速为1.5m/s，12：00～13：30风速有所减弱，平均风速为1m/s，13：00～15：00风速又开始呈上升趋势，午后的平均风速为1.6m/s。

图3-40　2018年1月18日观测时段气象图

（2）三维风场模拟

2018年1月18日北京主城区CALMET模拟结果如图3-41所示：北京主城区低层风场（10m）以西北风为主，风速较小（1.5m/s）；高层风场（200m）转为偏北风，西北部出现风速大值区。

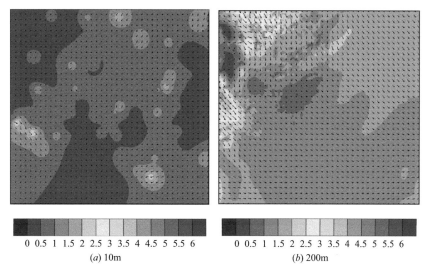

0 0.5 1 1.5 2 2.5 3 3.5 4 4.5 5 5.5 6 　　　　0 0.5 1 1.5 2 2.5 3 3.5 4 4.5 5 5.5 6

(a) 10m　　　　　　　　　(b) 200m

图3-41　2018年1月18日北京主城区CALMET模拟结果

2）通州区域

（1）气象条件分析

2018年1月20日观测时段气象条件如图3-42所示：在1月20日观测时段（12：30～14：30）内，通州区以东南偏东风为主，平均气温为2.2℃，平均相对湿度为48.0%，平均风速为3.8m/s，观测时段内的风速呈微弱的下降趋势。

（2）三维风场模拟

2018年1月20日通州区域CALMET模拟结果如图3-43所示：通州区域以东南风为主；低层风速小（2.5m/s）；东南区域有风速大值区；高层风速大（6.0m/s）；东部风速偏大。

图3-42　2018年1月20日观测时段气象条件（一）

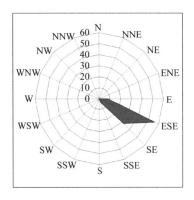

图 3-42　2018 年 1 月 20 日观测时段气象条件（二）

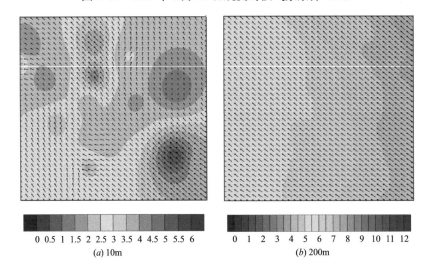

图 3-43　2018 年 1 月 20 日通州区域 CALMET 模拟结果

3）北京大兴国际机场

（1）气象条件分析

2018 年 1 月 23 日观测时段气象条件如图 3-44 所示：在 1 月 23 日观测时段
（9：00～11：00）内，北京大兴国际机场地区的主导风为北风和东北风，平均气温
为 -8.9℃，平均相对湿度为 14.0%，平均风速为 2.7m/s，观测时段内的风速呈
现先上升后下降的变化趋势。

（2）三维风场模拟

2018 年 1 月 23 日北京大兴国际机场 CALMET 模拟结果如图 3-45 所示：北京
大兴国际机场以偏北风为主；高层风场风速大于低层风场风速；东部区域风速高
于西部区域风速。

4）北京—唐山

（1）大气环流特征

大气环流特征与通州区域部分相同。

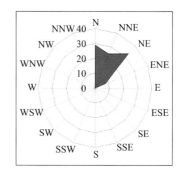

图 3-44　2018 年 1 月 23 日观测时段气象条件

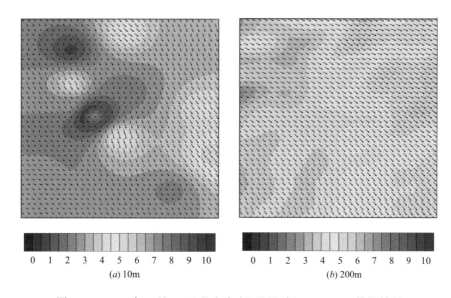

图 3-45　2018 年 1 月 23 日北京大兴国际机场 CALMET 模拟结果

（2）三维风场模拟

2018 年 1 月 20 日北京—唐山 WRF 模拟结果如图 3-46 所示：北京—唐山区域东部区域以偏东风为主，到西部逐渐转为东北风；低层风场（10m）风速为 1～3m/s；高层风场（200m）风速较大为 4～7m/s。

图 3-46　2018 年 1 月 20 日北京—唐山 WRF 模拟结果

5）北京—保定—沧州

（1）大气环流特征

在 2018 年 1 月 21 日地面天气图上，京津冀西北地区，即张家口北部地区以偏西风为主，张家口南部地区以偏东风为主。

（2）三维风场模拟

2018 年 1 月 21 日北京—保定—沧州 WRF 模拟结果如图 3-47 所示。

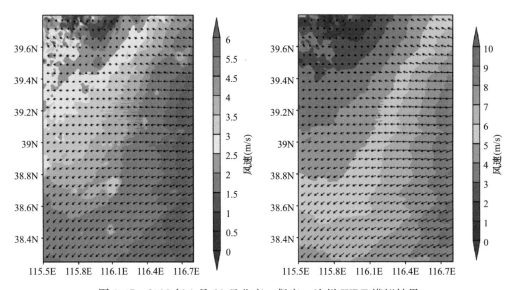

图 3-47　2018 年 1 月 21 日北京—保定—沧州 WRF 模拟结果

6）北京—张家口

（1）大气环流特征

大气环流特征与北京—保定—沧州部分相同。

（2）三维风场模拟

2018 年 1 月 21 日北京—张家口 WRF 模拟结果如图 3-48 所示：北京—张家口区域高低层风场较为一致；通道区域以偏东风和东北风为主，风速为 1～4m/s。

(a) 10m   *(b)* 200m

图 3-48 2018 年 1 月 21 日北京—张家口 WRF 模拟结果

7）北京—沧州

（1）大气环流特征

2018 年 1 月 23 日，天气图显示，8 时京津冀中部地区以西北风为主，东南部和南部地区以东北风为主；11 时京津冀地区风向基本与 8 时京津冀地区风向相同；14 时京津冀大部分地区均转为西北风，仅在京津冀南部一些地区仍为东风或东北风。

（2）三维风场模拟

2018 年 1 月 23 日北京—沧州 WRF 模拟结果如图 3-49 所示：北京—沧州区域高低层风场较为一致；以西北风为主，高层风速略大于低层风速；风速为 1~5m/s；北部风速大、南部风速小。

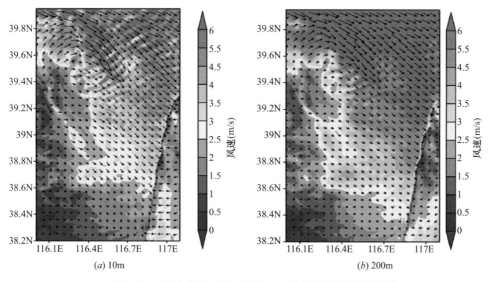

(a) 10m   *(b)* 200m

图 3-49 2018 年 1 月 23 日北京—沧州 WRF 模拟结果

8）北京—石家庄

（1）大气环流特征

大气环流特征与北京—沧州部分相同。

（2）三维风场模拟

2018年1月23日北京—石家庄WRF模拟结果如图3-50所示：北京—石家庄通道区域以偏南风为主；低层风速小（1～2m/s），高层风速大（4～5m/s）。

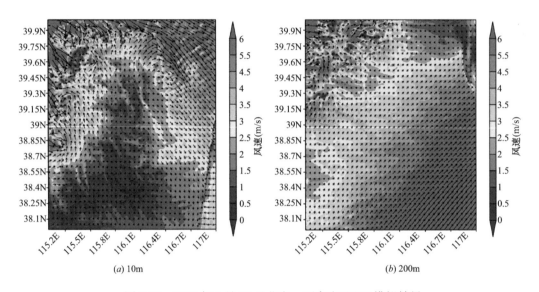

(a) 10m　　　　　　　　　　　(b) 200m

图3-50　2018年1月23日北京—石家庄WRF模拟结果

2. 污染物分布

京津冀地区2017年冬季观测结果如图3-51所示。

图3-51　京津冀地区2017年冬季观测结果

3.1.6 2018 年春季观测结果

在 2018 年 4 月 17 日至 5 月 12 日进行了春季观测，春季观测时间表如表 3-5 所示。

2018 年春季观测时间表   表 3-5

日期	时间	区域
4 月 17 日	9：30～14：20	国贸 CBD、十里河、通州区域、北京—唐山
4 月 18 日	9：00～15：30	北京二环路、三环路、四环路、五环路、放射线
4 月 19 日	9：00～14：30	北京大兴国际机场、北京—石家庄
4 月 20 日	9：30～15：00	北京二环路、三环路、四环路、五环路、放射线
4 月 23 日	9：30～15：00	北京—沧州
4 月 24 日	9：30～15：00	北京—保定—沧州
5 月 10 日	9：30～15：00	北京—张家口
5 月 11 日	9：55～13：00	石景山热电厂
5 月 12 日	9：55～12：00	石景山热电厂

1. 气象观测结果

1）北京主城区

（1）气象条件分析

2018 年 4 月 18 日观测时段气象条件如图 3-52 所示：在 4 月 18 日观测时段（9：00～15：30）内，主城区以南风或者西南偏南风或西南风为主，平均气温为 22.5℃，平均相对湿度为 49%，平均风速为 2.5m/s，观测时段 9：00～12：00 风速呈现上升趋势，12：00～13：00 风速有所减弱，午后的平均风速为 1.6m/s。

（2）三维风场模拟

2018 年 4 月 18 日北京主城区 CALMET 模拟结果如图 3-53 所示：低层风场（10m）以偏南风为主，风速为 2m/s；高层风场（200m），风速为 5m/s。

图 3-52　2018 年 4 月 18 日观测时段气象条件（一）

图 3-52　2018 年 4 月 18 日观测时段气象条件（二）

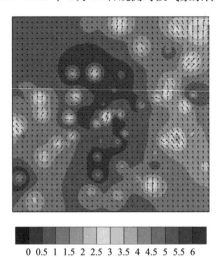

0 0.5 1 1.5 2 2.5 3 3.5 4 4.5 5 5.5 6

图 3-53　2018 年 4 月 18 日北京主城区 CALMET 模拟结果

2）通州区域

（1）气象条件分析

2018 年 4 月 17 日观测时段气象条件如图 3-54 所示：在 4 月 17 日观测时段（12：50～14：20）内，通州区域以南风为主，平均气温为 22.2℃，平均相对湿度为 38.0％，平均风速为 3.0m/s，观测时段内的风速基本在 3.0m/s 上下波动。

图 3-54　2018 年 4 月 17 日观测时段气象条件（一）

图 3-54 2018 年 4 月 17 日观测时段气象条件（二）

（2）三维风场模拟

2018 年 4 月 17 日通州区域 CALMET 模拟结果如图 3-55 所示：通州区域以南风为主；低层风场（10m）风速为 2～3m/s；高层风场（200m）风速为 5～7m/s。

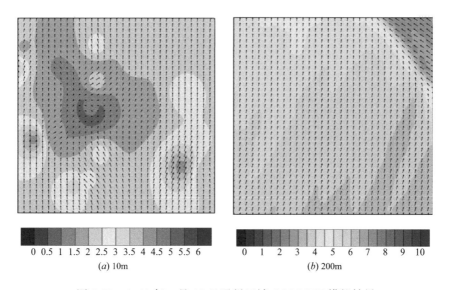

图 3-55 2018 年 4 月 17 日通州区域 CALMET 模拟结果

3）北京大兴国际机场

（1）气象条件分析

2018 年 4 月 19 日观测时段气象条件如图 3-56 所示：在 4 月 19 日观测时段（9：20～10：40）内，北京大兴国际机场地区的主导风为东南偏南风，平均气温为 23.8℃，平均相对湿度为 60%，平均风速为 3.2m/s，观测时段内的风速呈下降趋势。

（2）三维风场模拟

2018 年 4 月 19 日北京大兴国际机场 CALMET 模拟结果如图 3-57 所示：北京大兴国际机场以东南风为主；低层风场（10m）风速为 3～4m/s；高层风场（200m）风速为 6～7m/s。

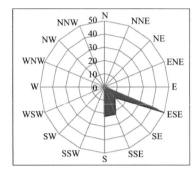

图 3-56　2018 年 4 月 19 日观测时段气象条件

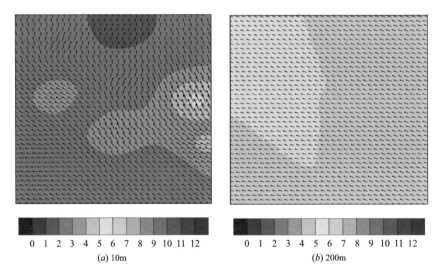

(a) 10m

(b) 200m

图 3-57　2018 年 4 月 19 日北京大兴国际机场 CALMET 模拟结果

4）北京—唐山

（1）大气环流特征

2018 年 4 月 17 日，天气图显示：京津冀地区以西南风为主，其中，京津冀南部地区地面风速较大，至北京风速减小，风速辐合。

（2）三维风场模拟

2018 年 4 月 17 日北京—唐山 WRF 模拟结果如图 3-58 所示：北京—唐山区域

以偏南风为主；低层风场（10m）风速为2～5m/s；高层风场（200m）风速较大为5～9m/s。

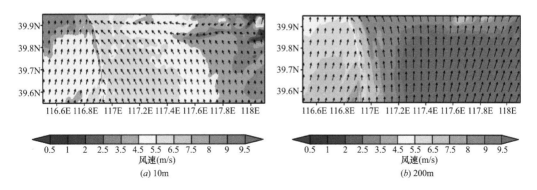

图 3-58　2018 年 4 月 17 日北京—唐山 WRF 模拟结果

5）北京—石家庄

（1）大气环流特征

2018 年 4 月 19 日，天气图显示：京津冀南部地区以东南风为主，北京向南至石家庄附近太行山之间有一条较明显的辐合线，比较有利于空气污染物在太行山前的聚集。

（2）三维风场模拟

2018 年 4 月 19 日北京—石家庄 WRF 模拟结果如图 3-59 所示：北京—石家庄区域低层风场（10m）以偏东风为主，风速为 3m/s；高层风场（200m）北部为偏东风，南部为东南风，风速为 6m/s。

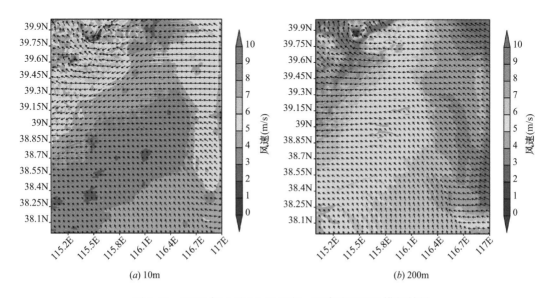

图 3-59　2018 年 4 月 19 日北京—石家庄 WRF 模拟结果

6）北京—沧州

（1）大气环流特征

北京地区以偏北风为主，沧州地区地面风逐渐由偏北风转为东北风。

（2）三维风场模拟

2018年4月23日北京—沧州WRF模拟结果如图3-60所示：北京—沧州区域低层风场（10m）以偏东风、东南风为主，风速为3m/s；高层风场（200m）以东南风为主，东部风速大，为6m/s；西部风速小，为1m/s。

图3-60　2018年4月23日北京—沧州WRF模拟结果

7）北京—张家口

（1）大气环流特征

2018年5月10日8时地面图上，北京地区以偏东风或东北风为主，张家口市辐合线两侧分别为偏东风和西北风。11时地面图，京津冀地面有一辐合线从唐山市中部经天津市北部、北京市中部一直到张家口市中部，辐合线北侧以东北风为主，南侧以西北风为主。

（2）三维风场模拟

2018年5月10日北京—张家口WRF模拟结果如图3-61所示：北京—张家口区域高低层风场较为一致；通道区域以东南风为主，风速为1～6m/s。

8）北京—保定—沧州

（1）大气环流特征

2018年4月24日8时地面图上，京津冀地区处于高压前部、低压后部的梯度区中，气压梯度略大，大部分地区地面风（包括北京、保定、沧州）为西北风。11

时，高压中心南移至河套地区，京津冀地区气压梯度减小，京津冀地区地面风转为东北风为主。

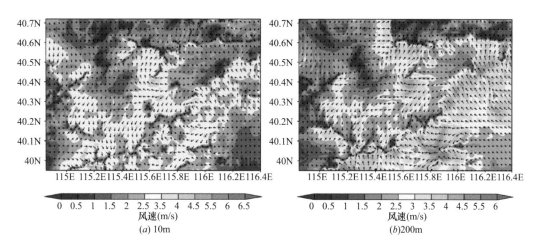

图 3-61　2018 年 5 月 10 日北京—张家口 WRF 模拟结果

（2）三维风场模拟

2018 年 4 月 24 日北京—保定—沧州 WRF 模拟结果如图 3-62 所示：北京—保定—沧州区域以偏北风为主，风速较大。低层（10m）风速为 6m/s；高层（200m）风速为 3m/s。

图 3-62　2018 年 4 月 24 日北京—保定—沧州 WRF 模拟结果

2. 污染物分布

京津冀地区 2018 年春季观测结果如图 3-63 所示。

图 3-63 京津冀地区 2018 年春季观测结果

3.1.7 2018 年夏季观测结果

在 2018 年 7 月 4 日至 7 月 9 日进行了夏季观测，夏季观测时间表如表 3-6 所示。

2018 年夏季观测时间表   表 3-6

日期	时间	区域
7 月 4 日	9：30～14：30	北京二环路、三环路、四环路、五环路、放射线
7 月 5 日	9：00～15：40	北京大兴国际机场、北京—唐山
7 月 6 日	9：00～14：30	北京二环路、三环路、四环路、五环路、放射线
7 月 7 日	9：30～15：00	北京—沧州、北京—石家庄
7 月 8 日	9：30～15：00	国贸 CBD、十里河、通州区域、北京—张家口
7 月 9 日	9：55～12：00	北京—保定—沧州

1. 气象观测结果

1）北京主城区

（1）气象条件分析

2018 年 7 月 6 日观测时段气象条件如图 3-64 所示：在 7 月 6 日观测时段（9：30～14：20）内，主城区主导风向为东南风，平均温度为 32.4℃，平均相对湿度为 48%，平均风速为 2.2m/s，观测时段风速整体呈现下降趋势。

（2）三维风场模拟

2018 年 7 月 6 日北京主城区 CALMET 模拟结果如图 3-65 所示：北京五环路区域以东南风为主；低层风场（10m）风速为 2m/s；高层风场（200m）风速为 4m/s。

图 3-64　2018 年 7 月 6 日观测时段气象条件

图 3-65　2018 年 7 月 6 日北京主城区 CALMET 模拟结果

2）通州区域

（1）气象条件分析

2018 年 7 月 8 日观测时段气象条件如图 3-66 所示：在 7 月 8 日观测时段
（11：50～13：00）内，主导风向为东南风，平均气温为 28.3℃，平均相对湿度
为 75％，平均风速为 1.5m/s。中午 12：00 之后风速开始下降，到 12：25 降至最
低 0.9m/s，之后风速有所升高，但总体风速较小。

（2）三维风场模拟

2018 年 7 月 8 日通州区域 CALMET 模拟结果如图 3-67 所示：通州区域低层风场（10m）以东南风、东风为主，风速为 1～2m/s；高层风场（200m）东部为东南风，风速为 5m/s；西部为南风，风速略小，为 3～4m/s；风速自东向西逐渐减小。

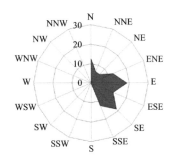

图 3-66　2018 年 7 月 8 日观测时段气象条件

(a) 10m　　　　　　(b) 200m

图 3-67　2018 年 7 月 8 日通州区域 CALMET 模拟结果

3）北京大兴国际机场

（1）气象条件分析

2018年7月5日观测时段气象条件如图3-68所示：在7月5日观测时段（12：50～14：10）内，主导风向为偏西风，平均温度为36.5℃，平均相对湿度为38％，平均风速为1.1m/s，观测时段湿度整体较低，风速整体呈现下降趋势。

图 3-68　2018年7月5日观测时段气象条件

（2）三维风场模拟

2018年7月5日北京大兴国际机场CALMET模拟结果如图3-69所示：北京大兴国际机场低层风场（10m）以西南风为主，风速为1～3m/s；高层风场（200m）以偏南风为主，风速为2～4m/s。

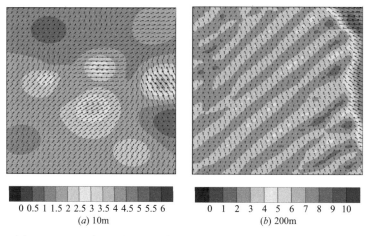

图 3-69　2018年7月5日北京大兴国际机场CALMET模拟结果

4）北京—唐山

（1）大气环流特征

2018 年 7 月 5 日，天气图显示，京津冀位于低压前部，北京—唐山区域地面风场以偏东风为主。

（2）三维风场模拟

2018 年 7 月 5 日北京—唐山 WRF 模拟结果如图 3-70 所示：北京—唐山区域以偏东风为主；高低层风场分布较为一致，风速为 2～4m/s；10～15 时风速有增大趋势。

图 3-70　2018 年 7 月 5 日北京—唐山 WRF 模拟结果

5）北京—沧州

（1）大气环流特征

2018 年 7 月 7 日地面天气图上北京—沧州区域位于低压底部，以偏东风为主。

（2）三维风场模拟

2018 年 7 月 7 日北京—沧州 WRF 模拟结果如图 3-71 所示：北京—沧州区域以偏东风、东南风为主；10：00～15：00 风速有增大趋势；低层风场（10m）风速为 1～3m/s；高层风场（200m）东部风速大，为 6m/s；西部风速小，为 1m/s。

6）北京—石家庄

（1）大气环流特征

大气环流特征与北京—沧州部分相同。

（2）三维风场模拟

2018 年 7 月 7 日北京—石家庄 WRF 模拟结果如图 3-72 所示：北京—石家庄区域以偏东风为主，风速为 3m/s；高低层风场分布较为一致；10：00～15：00 风速略有增大趋势。

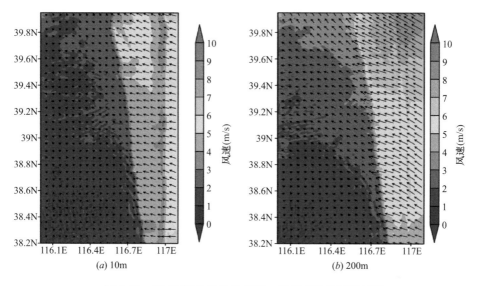

(a) 10m   *(b)* 200m

图 3-71   2018 年 7 月 7 日北京—沧州 WRF 模拟结果

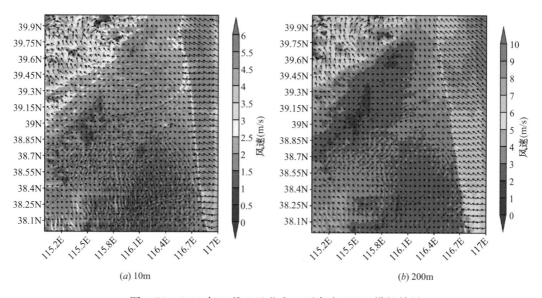

(a) 10m   *(b)* 200m

图 3-72   2018 年 7 月 7 日北京—石家庄 WRF 模拟结果

7）北京—张家口

（1）大气环流特征

2018 年 7 月 8 日，天气图显示：京津冀地区被低压底部弱气压场控制，地面风向较乱，但京津冀中部和西北部以西北风为主。

（2）三维风场模拟

2018 年 7 月 8 日北京—张家口 WRF 模拟结果如图 3-73 所示：北京—张家口区域高低层风场较为一致；通道区域西部以偏西风为主，东部以东南风为主，风速为 1～3m/s。

8）北京—保定—沧州

（1）大气环流特征

2018 年 7 月 9 日地面天气图上，北京市、保定市和沧州市地面以东南风为主。

（2）三维风场模拟

2018 年 7 月 9 日北京—保定—沧州 WRF 模拟结果如图 3-74 所示：北京—保定—沧州区域低层（10m）以偏东风为主，风速为 2m/s；高层（200m）以东南风、偏东风为主；风速略有增大。

(a) 10m　　　　　　　　　　　　　　　　*(b)* 200m

图 3-73　2018 年 7 月 8 日北京—张家口 WRF 模拟结果

(a) 10m　　　　　　　　　　　　　　　　*(b)* 200m

图 3-74　2018 年 7 月 9 日北京—保定—沧州 WRF 模拟结果

2. 污染物分布

京津冀地区 2018 年夏季观测结果如图 3-75 所示。

图 3-75　京津冀地区 2018 年夏季观测结果

3.2　特征分析

3.2.1　京津冀大气面源污染分布及排放基本特征

基于车载 DOAS 遥测技术对京津冀的观测表明：NO_2 柱浓度均值整体上呈现冬季柱浓度均值＞春季柱浓度均值＞秋季柱浓度均值＞夏季柱浓度均值的特征。柱浓度高值主要出现在西南输送通道上，城市地区 NO_2 柱浓度均值高于其他地区 NO_2 柱浓度均值。在煤改气政策实施后，SO_2 污染物浓度在进入 2017 年秋季后保持较低水平，秋冬季柱浓度均值基本一致，均值分别为 5.20×10^{-6} m 和 5.12×10^{-6} m，2018 年春季 SO_2 柱浓度均值较 2017 年春季 SO_2 柱浓度均值有下降（表 3-7）。

2017 年四季、2018 年春夏 NO_2 和 SO_2 柱浓度均值（1×10^{-6} m）　　表 3-7

项目	2017 年春季	2017 年夏季	2017 年秋季	2017 年冬季	2018 年春季	2018 年夏季
NO_2	7.12	5.16	5.68	9.92	7.81	5.46
SO_2	5.26	3.61	5.20	5.12	4.63	3.11

1. 北京区域污染分布及排放基本特征

在 2017 年春季、夏季、秋季、冬季以及 2018 年春季、夏季对北京环路及放射线进行了走航观测，观测结果如图 3-76～图 3-81 所示。

总体来说，在交通拥堵地区 NO_2 柱浓度均值偏高，六季无显著变化。NO_2 在冬季的污染物排放通量显著高于在其他季节的 NO_2 污染物排放通量。SO_2 污

图 3-76　北京环路及放射线 2017 年春季观测结果

图 3-77　北京环路及放射线 2017 年夏季观测结果

图 3-78　北京环路及放射线 2017 年秋季观测结果

染物排放通量：冬季污染物排放通量＞秋季污染物排放通量＞春季污染物排放通量＞夏季污染物排放通量。HCHO 污染物排放通量：夏季污染物排放通量＞春季污染物排放通量＞秋季污染物排放通量＞冬季污染物排放通量。

图 3-79　北京环路及放射线 2017 年冬季观测结果

图 3-80　北京环路及放射线 2018 年春季观测结果

图 3-81　北京环路及放射线 2018 年夏季观测结果

由于北京市区已经没有典型污染的工业企业存在，从四季观测结果来看：SO_2 柱浓度保持在极低水平。与 SO_2 不同的是，NO_2 主要受工厂排放和交通排放影响，北京市区交通流量大，交通排放是 NO_2 浓度升高的主要因素，四季的观测结果表明：北京环路的 NO_2 柱浓度在不同季节、不同路段均存在不同程度的升高现象，

且 NO_2 柱浓度高值多出现在交通拥堵地区。夏季 SO_2 浓度整体低于其他季节 SO_2 浓度，京津冀在 2017 年秋冬季实施煤改气措施后，秋冬季 SO_2 柱浓度没有明显升高现象，整体较低；夏季光化学反应较其他季节剧烈，HCHO 柱浓度及排放通量整体高于其他季节 HCHO 柱浓度及排放通量。北京环路及放射线污染物柱浓度均值见图 3-82。

2. 北京及其他城市连接线污染分布基本特征

利用车载 DOAS 重点走航观测了北京—张家口、北京—石家庄、北京、北京—保定—沧州、北京—沧州和北京—唐山线路，获取了沿线的 NO_2 和 SO_2 污染物分布。非重污染期间，NO_2 在区域分布上整体呈现城市及其周围高、沿线低的分布的特点，SO_2 高值多出现在重要的工业城市周围以及西南、东南输送通道上（图 3-83～图 3-89）。

图 3-82 北京环路及放射线污染物柱浓度均值

图 3-83 北京及其他城市连接线 2017 年春季观测结果

图 3-84　北京及其他城市连接线 2017 年夏季观测结果

图 3-85　北京及其他城市连接线 2017 年秋季观测结果

图 3-86　北京及其他城市连接线 2017 年冬季观测结果

图 3-87　北京及其他城市连接线 2018 年春季观测结果

图 3-88　北京及其他城市连接线 2018 夏季观测结果

图 3-89　北京及其他城市连接线污染物柱浓度均值

3.2.2 北京区域污染分布及排放特征

1. 北京主城区污染分布及排放特征

1）气象条件分析（表3-8）

气象条件分析

表3-8

季节		春	夏	秋	冬
北京主城区	气象条件	气候背景 • 气象要素：西南/西北风，平均风速为2.8m/s；平均气温为18.7℃；平均相对湿度为31%。 • 环流形势：偏西气流为主，冷空气活动减弱。 • 扩散条件：较秋冬季偏好 2017年 1）内环路、二环路、五环路（4月22日） • 10m：西南风，风速持续增大（1～6m/s）；平均气温为23℃；平均相对湿度为21.3%。 • 200m：西南风，风速持续增大（3～15m/s）。 • 环流：低压槽前西南气流控制。 • 探空：8时1km以下有逆温层，无不稳定能量。 • 扩散条件：较利于污染物扩散。 2）三环路、四环路（4月23日） • 10m：东北风，平均风速为3m/s；平均气温为21℃；平均相对湿度为16.9%。 • 200m：偏北风，平均风速为5m/s。 • 环流：850hPa（低压底部西北气流控制）；地面（低压前部偏北风为主）	气候背景 • 气象要素：东北/南风，平均风速为2.0m/s；平均气温为29℃；平均相对湿度为59%。 • 环流形势：偏南气流为主，暖湿气流活动频繁。 • 扩散条件：降水多、热力湍流活动强，利于扩散 2017年 1）北京环路（8月4日） • 10m：东北风，风速微弱下降，平均风速为1.8m/s；平均气温为34.4℃；平均相对湿度为46.2%。 • 200m：东北风，风速较低层略大。 • 环流：850hPa（受东北冷涡底后部的西北风影响）；地面（东北风渐转至西北风控制）；受暖气团控制 • 探空：8时1km以下有浅薄逆温层，低层湿度较大，不稳定能量较大。 • 扩散条件：不利于污染物扩散。 2）环路及连接线（8月6日） • 10m：西北风，午后风速明显增大，平均风速为3.6m/s；平均气温为33.2℃；平均相对湿度为41.9%	气候背景 • 气象要素：东北风，平均风速为2.3m/s；平均气温为7℃；平均相对湿度为43%。 • 环流形势：西北气流为主，冷空气活动增加。 • 扩散条件：易出现逆温、形成静稳天气，不利于扩散 2017年 1）环路及连接线（11月11日） • 10m：偏南风，风速微弱增大（2～5m/s）；平均气温为6.6℃；平均相对湿度为30.3%。 • 200m：西南风转偏南风风速持续增大（1～6m/s）。 • 环流：850hPa（高压脊位置西南风/北风影响）；地面（高压中心风场较乱西北风为主，午后高压东移偏南风为主风速略加大） • 探空：8时近地面、1km和1.5km处各有一个较浅薄的逆温层，湿度很小，无不稳定能量。 • 扩散条件：有利于污染物扩散，夜晚扩散条件转差。 2）环路及连接线（11月12日） • 10m：西南风，平均风速为1.6m/s；平均气温为8.1℃，平均相对湿度为36.2%	气候背景 • 气象要素：东北风，平均风速为2.3m/s；平均气温为－0.4℃；平均相对湿度为35%。 • 环流形势：西北气流为主，冷空气活动频繁。 • 扩散条件：易出现逆温、形成静稳天气，不利于扩散 2018年 1）环路及连接线（1月18日） • 10m：东北风/西南风，平均风速为1.5m/s；平均气温为1.6℃，平均相对湿度为27.3%。 • 200m：西北风转北风转南风平均风速为2.5m/s。 • 环流：850hPa（西北气流控制）；地面（高压前部东北风为主） • 探空：8时近地面有浅薄逆温层，湿度很小，无不稳定能量。 • 扩散条件：扩散条件一般，夜间扩散条件转差。 2）环路及连接线（1月19日） • 10m：西南风/偏西风，平均风速为1.7m/s；平均气温为5.0℃，平均相对湿度为25.5%

季节		春	夏	秋	冬
北京主城区	气象条件	• 探空：8时无逆温，湿度很小，无不稳定能量。 • 扩散条件：较有利于污染物扩散。 3）环路连接线（4月24日） • 10m：西北风、北风，风速逐渐增大（2～5m/s）；平均气温为22℃；平均相对湿度为9%。 • 200m：西北风，风速10m/s。 • 环流：850hPa（低压槽后西北气流控制）；地面（低压槽过境槽后偏北气流控制）。 • 探空：8时无逆温，湿度很小，无不稳定能量。 • 扩散条件：有利于污染物扩散。 • 2018年 1）环路及放射线（4月18日）： • 10m：偏南风，风速为1～2m/s；午后风速略增大；平均气温为22.5℃；平均相对湿度为49%。 • 200m：偏南风，风速为3～6m/s；风速逐渐增大 • 环流：850hPa（低压前部西南气流控制）；地面（弱低压前部偏南风为主）。 • 探空：8时1km有逆温，湿度较大，无不稳定能量。 • 扩散条件：有利于污染物扩散。 2）环路及放射线（4月20日）：	• 200m：西北风，平均风速为5m/s。 • 环流：850hPa（低涡底部西北风控制）；地面（上午以西北为主，午后转受东南风影响）；受高空西北气流控制。 • 探空：8时无逆温，湿度较小，不稳定能量较弱。 • 扩散条件：利于污染物扩散。 • 2018年 1）环路及连接线（7月4日） • 10m：西南风/东南风，缓慢增大，平均风速为2.1m/s；平均气温为33℃；平均相对湿度为53%。 • 200m：偏南风，风速为2～4m/s。 • 环流：850hPa（低压底部西南气流控制）；地面（偏西气流控制）；受暖高压脊控制。 • 探空：无逆温层，低层湿度略大，无不稳定能量。 • 扩散条件：白天利于臭氧生成，夜间大气扩散条件转好 2）环路及连接线（7月6日） • 10m：东南风，缓慢增大，平均风速为2.2m/s；平均气温为32.4℃；平均相对湿度为48%。 • 200m：东南风，风速为4m/s	• 200m：偏北风转东风转南风，风速持续增大（3.5～6m/s）。 • 环流：850hPa（低涡东移，由浅槽过境西北/西南气流控制）；地面（低压底部风场较乱偏东/偏北风为主）。 • 探空：8时近地面和1km处有两个浅逆温层，5.5km处略有湿度，无不稳定能量。 • 扩散条件：不利于污染物扩散	• 200m：偏北风转北风，平均风速为4.5m/s。 • 环流：850hPa（低压底部西北气流控制）；地面（东北低压底后部东北风为主）。 • 探空：8时近地面有一层浅薄但温度梯度较大的逆温，湿度很小，无不稳定能量。 • 扩散条件：有利于污染物扩散

	季节	春	夏	秋	冬
北京主城区	气象条件	• 10m：偏南风，风速为2～4m/s；12时后风速增大；平均气温为25℃；平均相对湿度为46%。 • 200m：偏南风，风速为4～9m/s；风速逐渐增大。 • 环流：850hPa（低压槽前偏南气流控制）；地面（低压前部偏南风，午后风力加大）。 • 探空：8时1km下有浅薄逆温，湿度较小，无不稳定能量。 • 扩散条件：上午较差，午后开始略有好转	• 环流：850hPa（东南气流）；地面（低压前部和高压底后部的梯度区，东北气流）；受高空脊控制。 • 探空：无逆温层，湿度较小，无不稳定能量。 • 扩散条件：白天利于臭氧生成，夜间大气扩散条件转好		

2）污染分布及排放特征

在北京环路的观测中，主要污染物为NO_2，因此重点选取了北京环路沿线NO_2柱浓度分布进行分析。为研究北京污染物排放量情况，实验观测尽可能选取在风速较小的风场进行走航，以更好地了解北京NO_2污染状况。

车载实验分别在2017年春季的4月22日，夏季的8月4日和8月6日，秋季的11月11日和11月12日，2018年的1月18日及1月19日、4月18日、4月20日、7月4日走航观测了北京环路沿线，观测期间避开了大风、雾霾等不利天气。

（1）北京五环路污染物分布

图3-90为北京五环路NO_2柱浓度分布箱形图，为了方便分析，将五环路按西五环、北五环、东五环和南五环顺序拆分后再分析。

北京五环路NO_2柱浓度最大值分布见表3-9。

在观测结果中不难发现：在这四段环路上总是有高NO_2柱浓度出现，说明五环路存在NO_2的排放源。由于NO_2的主要来源为交通排放和工厂排放，北京市区已经没有污染严重的工业企业存在，因此，北京环路的NO_2主要来源为交通排放。

从观测结果看，六季观测到NO_2柱浓度最大值分别为13.84ppm·m、18.32ppm·m、19.04ppm·m、28.04ppm·m、36.52ppm·m和26.24ppm·m，根据五环路NO_2污染物分布箱形图结合NO_2柱浓度最大值看，北京存在较高的NO_2排放。

图 3-90　北京五环路 NO_2 柱浓度分布箱形图（一）

图 3-90 北京五环路 NO_2 柱浓度分布箱形图（二）

北京五环路 NO_2 柱浓度最大值分布（ppm·m）　　　　　表 3-9

地点	2017年 4月22日	2017年 8月4日	2017年 8月6日	2017年 11月11日	2017年 11月12日	2018年 1月18日	2018年 1月19日	2018年 4月18日	2018年 4月20日	2018年 7月4日
西五环									20.20	
北五环	13.84		14.12					36.52		
东五环				11.12						26.24
南五环		18.32			19.04	14.08	28.04			

图 3-91 为北京五环路 NO_2 柱浓度与车速分布关系图。由于北京市区 NO_2 主要来自交通排放，尤其是在交通拥堵地区，在气象扩散条件一般时，大规模、长时间交通拥堵会引起 NO_2 柱浓度升高。交通整体行驶畅通，扩散条件较好时，NO_2 柱浓度无明显升高；北五环、东五环拥堵期间，NO_2 柱浓度均有明显升高。在2018年1月19日和4月18日交通拥堵时，NO_2 柱浓度值分别达到28.04ppm·m、36.52ppm·m，拥堵区域 NO_2 柱浓度值偏高。

对比各路段的 NO_2 柱浓度平均值，可以发现：西五环 NO_2 柱浓度平均值总体较低，且变化较为平稳。由于北京 NO_2 来源主要受交通排放影响，因此，西五环发生交通拥堵的概率也小于其他路段，这也与车速分布有较好的一致性。与西五环相对的是，东五环和北五环 NO_2 柱浓度平均值变化较大，但其 NO_2 柱浓度平均值总体较高。相较于西五环，东五环和北五环污染较严重，该路段交通流量高于其他路段交通流量，且发生交通拥堵的概率也高于其他路段发生交通拥堵的概率。南五环 NO_2 柱浓度值波动较大，其明显的特征是 NO_2 柱浓度平均值在秋冬季高于其他季节 NO_2 柱浓度平均值，存在污染输送的可能。北京五环路 NO_2 柱浓度平均值见图 3-92。

（2）北京四环路污染物分布

同北京五环路类似，将北京四环路按照西四环、北四环、东四环以及南四环进行拆分，并做了北京四环路 NO_2 柱浓度分布箱形图进行分析，如图 3-93 所示。

图 3-91　北京五环路 NO_2 柱浓度与车速分布关系图

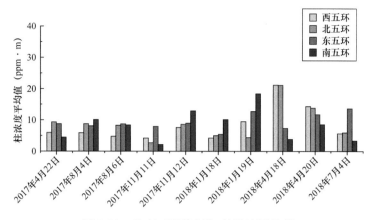

图 3-92 北京五环路 NO$_2$ 柱浓度平均值

图 3-93 北京四环路 NO$_2$ 柱浓度分布箱形图（一）

图 3-93 北京四环路 NO_2 柱浓度分布箱形图（二）

同北京五环路类似，四环路 NO_2 主要由交通排放引起，六季的 NO_2 柱浓度最大值分别为：10.04ppm·m、18.16ppm·m、23.4ppm·m、22.92ppm·m、37ppm·m 和 18ppm·m。

对比发现：北京四环路 NO_2 柱浓度最大值与五环路 NO_2 柱浓度最大值基本一致。由此可知，北京四环路的 NO_2 污染程度与北京五环路 NO_2 污染程度类似。根据北京 NO_2 柱浓度出现的最大值来看，与五环路不同的是，北四环 NO_2 柱浓度最大值出现的频次最高，这预示着北京四环路的北四环交通拥堵。

北京四环路 NO_2 柱浓度最大值分布见表 3-10。

北京四环路 NO_2 柱浓度最大值分布（ppm·m）　　　　　表 3-10

地点	2017年4月22日	2017年8月4日	2017年8月6日	2017年11月11日	2017年11月12日	2018年1月18日	2018年1月19日	2018年4月18日	2018年4月20日	2018年7月4日
西四环					23.40	22.20				
北四环	10.04	18.16	17.92					37.00	23.76	
东四环				11.04			22.92			18.00
南四环										

北京四环路 NO_2 柱浓度与车速分布关系图（图 3-94）表明：北京四环路交通拥堵，在六季的观测中，汽车行驶速度整体偏低，这与箱形图分布统计预示北京

四环路交通状况一致。与北京五环路不同的是，北京四环路交通拥堵明显集中在北四环，考虑北四环主要有京承高速和京藏高速，北京主要的办公区在四环路内，且北京市区人口居住集中在北面，因此，这两个高速与北四环的交叉口存在着大量汽车进出北京市区的可能。

从北京东、西、南、北四环的 NO_2 柱浓度平均值分布来看：北四环 NO_2 柱浓度平均值高值出现频次最高，考虑北京四环路 NO_2 柱浓度最高值在北四环频次

图 3-94　北京四环路 NO_2 柱浓度与车速分布关系图（图中方框为北五环）（一）

图 3-94　北京四环路 NO_2 柱浓度与车速分布关系图（图中方框为北五环）（二）

也是最高，因此，相较于四环路其他路段，北四环 NO_2 污染受到交通排放影响最明显。在前面的论述中我们知道，交通拥堵时候容易有 NO_2 柱浓度的升高现象，因此可以推测北四环交通拥堵更明显。北京四环路 NO_2 柱浓度平均值见图 3-95。

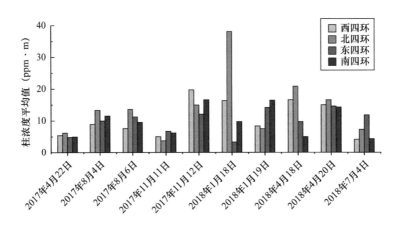

图 3-95　北京四环路 NO_2 柱浓度平均值

（3）北京三环路污染物分布

同北京五环路类似，将北京三环路按照西三环、北三环、东三环以及南三环进行拆分，并做了北京三环路 NO_2 柱浓度分布箱形图进行分析，如图 3-96 所示。

同北京五环路、四环路类似，三环路 NO_2 主要由交通排放引起，六季监测结果表明：NO_2 柱浓度最大值分别为：10.48ppm·m、13.76ppm·m、19.36ppm·m、25ppm·m、14.36ppm·m 和 11.88ppm·m。对比发现，北京三环路 NO_2 柱浓度最大值比北京四环路 NO_2 柱浓度最大值低。由此可知，北京三环路 NO_2 排放虽然受到交通排放影响，其局部地区污染程度比北京四环路污染程度低。与北京四环路类似的是，NO_2 柱浓度最大值在北三环出现频次最高，不同的是，西三环出现的频次也偏高，与同期相比，东三环没有出现 NO_2 柱浓度最大值。

北京三环路 NO$_2$ 柱浓度最大值分布见表3-11。

图 3-96 北京三环路 NO$_2$ 柱浓度分布箱形图（一）

图 3-96 北京三环路 NO$_2$ 柱浓度分布箱形图（二）

北京三环路 NO$_2$ 柱浓度最大值分布（ppm·m）   表 3-11

地点	2017年4月22日	2017年8月4日	2017年8月6日	2017年11月11日	2017年11月12日	2018年1月18日	2018年1月19日	2018年4月18日	2018年4月20日	2018年7月4日
西三环	10.48	13.76			19.36					
北三环			10.24	13.24				8.60	14.36	11.88
东三环										
南三环						25.00	20.24			

北京三环路 NO$_2$ 柱浓度与车速分布关系图（图 3-97）表明：北京三环路交通也比较拥堵，但是相较于北京四环路，北京三环路交通状况整体稍好，车辆平均行驶速度高于 20km/h 的次数有多次，这与箱形图分布统计预示北京三环路交通状况一致。

图 3-97 北京三环路 NO$_2$ 柱浓度与车速分布关系图（一）

图 3-97 北京三环路 NO$_2$ 柱浓度与车速分布关系图（二）

北京三环路 NO$_2$ 柱浓度平均值如图 3-98 所示，NO$_2$ 柱浓度平均值高值出现在南三环和北三环，预示着北京南三环和北三环交通状况较其他三环路段更恶劣。

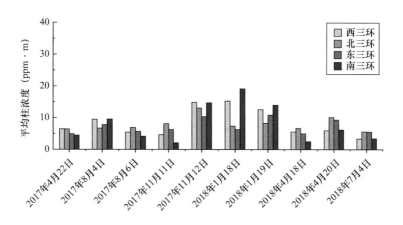

图 3-98 北京三环路 NO$_2$ 柱浓度平均值

同时，在六季观测中，北三环和南三环 NO_2 平均柱浓度整体高于其他三环路路段。

（4）北京二环路污染物分布

北京二环路 NO_2 柱浓度分布箱形图如图 3-99 所示。

同北京其他环路类似，二环路 NO_2 主要由交通排放引起，六季的最大柱浓度分别为：13.24ppm·m、11.52ppm·m、8.40ppm·m、22.48ppm·m、10.32ppm·m和 6.8ppm·m。对比发现，北京二环路 NO_2 柱浓度最高值相较于北京其他环路 NO_2 柱浓度最高值整体偏低，由此可知，北京二环路 NO_2 排放虽然受到交通排放影响，其污染程度相较于北京其他环路偏低。南二环和西二环 NO_2 柱浓度出现的最高值频次最高，与三环路类似，NO_2 柱浓度最高值在南二环频次最高；不同的是，西二环出现 NO_2 柱浓度最高值的频次也偏高，北二环出现 NO_2 柱浓度最高值频次不高。与同期相比，西二环、东二环和北二环出现的 NO_2 柱浓度最高值显著低于南二环出现的 NO_2 柱浓度最高值，说明北京西二环、东二环和北二环虽然有 NO_2 柱浓度高值出现，相较于南二环并不显著，北京二环路 NO_2 柱浓度最大值分布见表 3-12。

北京二环路 NO_2 柱浓度与车速分布关系图（图 3-100）表明：北京二环路交通整体行驶缓慢，车辆平均行驶速度低于 20km/h 的次数有多次，说明北京二环路交通拥堵状况严重，由于北京二环路车流量低于其他环路的车流量，因此，在 NO_2

图 3-99　北京二环路 NO_2 柱浓度分布箱形图（一）

图 3-99 北京二环路 NO$_2$ 柱浓度分布箱形图（二）

北京二环路 NO$_2$ 柱浓度最大值分布（ppm·m）   表 3-12

地点	2017年4月22日	2017年8月4日	2017年8月6日	2017年11月11日	2017年11月12日	2018年1月18日	2018年1月19日	2018年4月18日	2018年4月20日	2018年7月4日
西二环					7.12			8.56	10.32	
北二环				8.40						6.80
东二环	13.24	11.52								
南二环			10.50			20.64	22.48			

柱浓度分布上出现整体偏高的情况较少。这表明北京二环路 NO_2 污染也受到交通影响，但不如四环路、五环路 NO_2 污染受到交通影响显著。

北京二环路 NO_2 柱浓度平均值如图 3-101 所示。NO_2 平均柱浓度高值出现在南二环频次高。这预示着北京南二环 NO_2 污染受交通影响高于二环路其他路段。

图 3-100　北京二环路 NO_2 柱浓度与车速分布关系图（一）

图 3-100　北京二环路 NO_2 柱浓度与车速分布关系图（二）

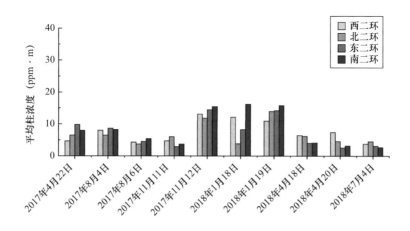

图 3-101　北京二环路 NO_2 柱浓度平均值

同时，在六季观测中，南二环 NO_2 柱浓度平均值整体高于二环路其他路段的 NO_2 柱浓度平均值。进一步说明南二环 NO_2 污染受交通影响高于二环路其他路段。

（5）北京环路污染物排放特征

表 3-13 为北京环路的周长及面积，表 3-14 为北京市人口分布特点，图 3-102 为北京环路污染物排放通量，图 3-103 为北京环路间污染物排放通量。污染物排放通量表征了北京环路内的人为活动水平对污染的贡献速率，单位面积排放通量表征了北京环路内存在污染排放的人为活动，主要为交通活动，在单位面积上对北京市污染贡献的速率，同时也表征了存在污染的人为活动的密集程度。

北京环路的周长及面积　　　　　　　　　表 3-13

环路	周长（km）	面积（km²）
五环路	98.43	667.26
四环路	65.25	300.80

环路	周长（km）	面积（km²）
三环路	48.22	158.30
二环路	32.54	62.04

北京市人口分布特点　　　　　　　　　　表 3-14

地点	面积（km²）	人口（万人）	人口密度（万人/km²）
二环路内	62.04	148.1	2.4
二环路与三环路之间	96.26	257	2.7
三环路与四环路之间	142.50	287	2.0

注：人口分布数据摘自网络。

图 3-102　北京环路污染物排放通量

图 3-103　北京环路间污染物排放通量

从排放通量来看，在六季观测中，受整个五环路内污染排放影响，北京五环路的污染物排放通量相较于其他环路整体偏高。由于北京的 NO_2 污染主要来自于交通，其中，NO_2 平均低于特定值。将四个环路在季节上对比可以发现，NO_2 污染排放通量呈现秋冬季节高于春夏季节的特点，而 HCHO 排放通量在夏季最高，主要是光化学反应所致。北京环路间污染物单位面积排放通量见图 3-104。

图 3-104　北京环路间污染物单位面积排放通量

由于北京办公区域及居民住宅多在四环路及四环路以内，且四环路以内道路最密集、交通流量最大，交通活动密集程度远高于四环路以外，因此，与同期相比，环路间 NO_2 单位面积排放通量呈现二环路与三环路之间 NO_2 单位面积排放通量＞二环路内 NO_2 单位面积排放通量＞三环路与四环路之间 NO_2 单位面积排放通量＞四环路与五环路之间 NO_2 单位面积排放通量的特点。与其他环路间区域相比，二环路与三环路之间人类活动影响更为显著，其次为二环路以内区域，再次为三环路与四环路之间的区域。这与北京市人口密度分布一致，即二环路与三环路之间人口密度（2.7 万人/km^2）＞二环路内人口密度（2.4 万人/km^2）＞三环路与四环路之间人口密度（2.0 万人/km^2）。

由于四环与五环路之间主要为绿化带，且道路网稀疏，相较于四环路以内车流量较少，四环路与五环路之间 NO_2 单位面积排放通量最低。

图 3-105 为车载 DOAS 观测北京五环路多年 NO_2 和 SO_2 柱浓度分布，图 3-106 为北京五环路多年 NO_2 和 SO_2 排放通量。通过对比历年的数据可以发现：

① NO_2 和 SO_2 柱浓度整体呈现下降趋势，SO_2 较 NO_2 柱浓度下降更为明显。

② NO_2 和 SO_2 排放通量呈逐年下降趋势。相较于 2005 年，NO_2 与 SO_2 排放通量下降很多。

（6）各区块污染分布特征

在 3.1 节中，已经从整体上对北京的污染特征进行了分析，分析了北京市区污染排放的历史情况及各环路间的污染特征。存在的问题是：环路间的污染分布差异并不清晰，因此，本节针对环路间的污染分布差异进行分析，即分析各观测区块的污染排放情况。

图 3-105 车载 DOAS 观测北京五环路多年 SO_2 和 NO_2 柱浓度分布

图 3-106 北京五环路多年 SO_2 和 NO_2 排放通量

由于各区块内部情况复杂,内部产生污染的人为活动强度不一,因此区块间排放通量对比不具备实际意义,如区块 3,观测面积偏大,导致排放通量整体偏高(图 3-107)。对于北京来说,单位面积污染物排放通量表征了产生污染排放的人为活动强度高低,因此,分析区块的单位面积污染物排放通量更具有现实意义。分析结果如下(图 3-108):

① 从时间上看,区块的 NO_2 单位面积排放通量整体呈现出冬季排放最高的特点。

② 由于北京 NO_2 本地来源主要为机动车排放,来源较为单一,因此,将各区块 NO_2 单位面积排放通量进行对比。从各区块高值分布及区块间对比看,NO_2 单位面积排放通量呈现以下特点:

A. 有高值区块分布。根据表 3-15 知,高值区块有在二环路和三环路之间的区块 2 和区块 3,三环路和四环路之间的区块 6、区块 9 和区块 10。三环路和四环路之间高值区块多分布在重要的交通要道附近,如区块 6、区块 10 和区块 9 的京开

图 3-107 区块划分示意图

图 3-108 北京市各区块 NO_2 排放通量及单位面积排放通量

高速、京沪高速、京承高速、机场高速和京藏高速，高速出入口附近交通流量大，且易产生交通拥堵，引起 NO_2 排放通量的升高。区块 6 另一个特点是其内部有大量住宅区，有大量的车辆进出区块 6 或者在其内部行驶，进一步加剧污染。区块 9

周围也分布着交通要道，但其内部主要为公园、学校及部分小区，因此即使区块9周围分布着交通要道，其单位面积排放通量低于上述高值区块；区块2和区块3主要是因为二环路和三环路之间交通网密集，交通流量大，交通活动强度高导致，同时区块2和区块3内部易产生交通拥堵，进一步加剧污染。

区块 NO_2 单位面积排放通量分布特点（平均值比较，由高到低排序） 表 3-15

序号	区块	单位面积排放通量平均值 $[\mu g/(s \cdot m^2)]$
1	区块 2	1.38
2	区块 3	1.11
3	区块 6	1.09
4	区块 10	1.00
5	区块 9	0.90
6	区块 7	0.85
7	区块 5	0.73
8	区块 4	0.70
9	区块 1	0.63
10	区块 8	0.47
11	区块 18	0.46
12	区块 17	0.43
13	区块 13	0.38
14	区块 11	0.37
15	区块 14	0.35
16	区块 15	0.34
17	区块 19	0.30
18	区块 12	0.26
19	区块 16	0.26

B. 区块对比。由于二环路与三环路之间道路网密集，交通流量大且易拥堵，而北京四环路、五环路之间主要是绿化带和城乡接合部区域，因此，二环路与三环路之间的区块 NO_2 单位面积排放通量最高，四环路与五环路之间的区块 NO_2 单位面积排放通量最低；三环路与四环路之间的区块8和区块11的 NO_2 单位面积排放通量低于三环路与四环路之间的其他区块的 NO_2 单位面积排放通量。从城市布局来看，区块8有朝阳公园、全国农业展览馆等公共基础设施，以及部分政府、医

疗机构，区块 11 有大量高等学府，交通活动强度低，因此区块 8 和区块 11 的 NO_2 单位面积排放通量低于三环路与四环路之间的其他区块的 NO_2 单位面积排放通量。

2. 国贸 CBD 及十里河污染分布及排放特征

国贸 CBD 为北京商务中心区，集中了大量的商务办公机构；十里河地处北京东三环地段，主要以家居建材交易为主。作为北京典型的生活办公服务区，国贸 CBD 和十里河污染主要由交通及散源排放引起。

1）气象条件分析（表 3-16、表 3-17）

气象条件分析（一）　　　　　　　　　　　　表 3-16

	季节	春	夏	秋	冬
国贸 CBD	气象条件	气候背景 • 气象要素：东北偏北风，平均风速为 2.2m/s；平均气温为 18.77℃；平均相对湿度为 27.92%。 2017 年 4 月 24 日 • 地面：东北偏北风为主，平均气温为 21.6℃，平均相对湿度为 7%，平均风速为 4.1m/s，观测时段内的风速较大且呈上升趋势。 • 高空：西北风，风速较大。 • 探空：无逆温，整层湿度小。 • 扩散条件：较利于污染物扩散。 2018 年 4 月 17 日 • 地面：主导风为西南偏南风，平均气温为 19.1℃，平均相对湿度为 40%，平均风速为 1.6m/s，观测时段内的风速呈现微上升趋势。 • 高空：西南风。 • 探空：1～1.5km 有逆温。 • 扩散条件：较利于污染物扩散	气候背景 • 气象要素：西南偏南风，平均风速为 1.4m/s；平均气温为 30.01℃；平均相对湿度为 54.79%。 2017 年 8 月 14 日 • 地面：东南偏南风为主，平均气温为 29.7℃，平均相对湿度为 53%，平均风速为 1.3m/s。 • 高空：上午 8 时以东北风为主，11 时转为偏东风为主，下午风场风向较凌乱。 • 探空：8 时 850hPa 以下较湿，但没有逆温层，有一定不稳定能量；14 时无明显湿层和逆温层，不稳定能量减弱。 • 扩散条件：有利于污染物清除和扩散。 2018 年 7 月 8 日 • 地面：东北偏北风，平均气温为 27.3℃，平均相对湿度为 77%，平均风速为 0.6m/s。 • 高空：西北风。 • 探空：8 时探空上，无逆温，有一定不稳定能量，850hPa 以下湿度较大。 • 扩散条件：较利于污染物扩散	气候背景 • 气象要素：东北偏北风，平均风速为 1.8m/s；平均气温为 7.89℃；平均相对湿度为 39.22%。 2017 年 11 月 8 日 • 地面：东南偏南风为主，平均气温为 13.1℃，平均相对湿度为 27%，平均风速为 1.5m/s，观测时段内风速较为稳定，基本保持在 1.5m/s。 • 高空：西北风。 • 探空：近地面层均有一浅层逆温（1000hPa 以下），湿度均很小。 • 扩散条件：不利于污染物扩散	气候背景 • 气象要素：东北偏北风，平均风速为 1.95m/s；平均气温为 −0.16℃；平均相对湿度为 32.94%。 2018 年 1 月 20 日 • 地面：主导风为东南风，平均气温为 1.7℃，平均相对湿度为 28%，平均风速为 1.5m/s，观测时段内的风速呈现上升变化趋势。 • 高空：西北风。 • 探空：8 时近地面有明显的逆温层。 • 扩散条件：受偏东风影响，近地层相对湿度增大，空气污染气象条件等级为 2～3 级，扩散条件一般

季节		春	夏	秋	冬
十里河	气象条件	气候背景 • 气象要素：西北风，平均风速为2.09m/s；平均气温为18.95℃；平均相对湿度为30.95%。 2017年4月24日 • 地面：主导风为偏北风，平均气温为24.2℃，平均相对湿度为20%，平均风速为2.4m/s，观测时段内的风速呈上升趋势。 • 高空：西北风，风速较大。 • 探空：无逆温，整层湿度小。 • 扩散条件：较利于污染物扩散。 2018年4月17日 • 地面：主导风为东南偏南风，平均气温为19.4℃，平均相对湿度为44%，平均风速为1.8m/s，观测时段内的风速在1.8m/s上下波动。 • 高空：西南风。 • 探空：为925～850hPa有逆温。 • 扩散条件：不利于扩散	气候背景 • 气象要素：东南偏南风，平均风速为1.32m/s；平均气温为30.22℃；平均相对湿度为59.31%。 2017年8月14日 • 地面：以东南风为主，平均气温为30.2℃，平均相对湿度为59%，平均风速为1.2m/s，观测时段内的风速变化较为平稳，基本保持在1.2m/s。 • 高空：以东北风为主。 • 探空：8时850hPa以下较湿，无逆温层，有少量不稳定能量；14时无明显湿层和逆温层，不稳定能量减弱。 • 扩散条件：较有利于扩散。 2018年7月8日 • 地面：主导风为西南偏西风，平均气温为26.8℃，平均相对湿度为85%，平均风速为0.9m/s，观测时段内的风速较小，基本在0.9m/s上下波动。 • 高空：西北风。 • 探空：8时探空上，无逆温，有一定不稳定能量，850hPa以下湿度较大。 • 扩散条件：较有利于污染物的扩散	气候背景 • 气象要素：西北风，平均风速为1.54m/s；平均气温为8.02℃；平均相对湿度为43.49%。 2017年11月8日 • 地面：东南风为主，平均气温为13.2℃，平均相对湿度为31%，平均风速为2.0m/s，观测时段内9：00～10：00风速呈上升趋势，之后稳定在2m/s，14：00之后呈下降趋势。 • 高空：西北风。 • 探空：近地面层均有一浅层逆温（1000hPa以下），湿度均很小。 • 扩散条件：不利于污染物扩散	气候背景 • 气象要素：西北风，平均风速为1.48m/s；平均气温为－0.34℃；平均相对湿度为36.82%。 2018年1月20日 • 地面：主导风为东南偏东风，平均气温为1.5℃，平均相对湿度为34%，平均风速为1.4m/s，观测时段内的风速呈现上升变化趋势。 • 高空：西北风。 • 探空：8时探空近地面有明显的逆温层。 • 扩散条件：受偏东风影响，近地层相对湿度增大，空气污染气象条件等级为2～3级，扩散条件一般

2）污染分布

北京国贸 CBD 及十里河 NO_2、SO_2、HCHO 柱浓度分布图如图 3-109 和图 3-110 所示，分布箱形图如图 3-111 所示。

整体上来说，国贸 CBD、十里河 SO_2 柱浓度平均值是：冬季平均值＞秋季平均值＞春季平均值＞夏季平均值，HCHO 呈现夏季平均值＞春季平均值＞秋季平均值＞冬季平均值的特点。

图 3-109 北京国贸 CBD NO₂、SO₂、HCHO 柱浓度分布图

图 3-110 北京十里河 NO₂、SO₂、HCHO 柱浓度分布图

国贸 CBD、十里河 NO₂、SO₂ 和 HCHO 排放通量处于极低水平，NO₂ 排放通量平均低于 0.1t/h，SO₂ 排放通量平均低于 0.06t/h，HCHO 排放通量平均低于 0.03t/h。

观测期间，国贸 CBD、十里河 SO₂、NO₂ 平均柱浓度与东四环的同期相关数据比，处于较低水平；受光化学反应影响，国贸 CBD、十里河冬季和夏季 HCHO 与 NO₂ 柱浓度有反相关的特点。

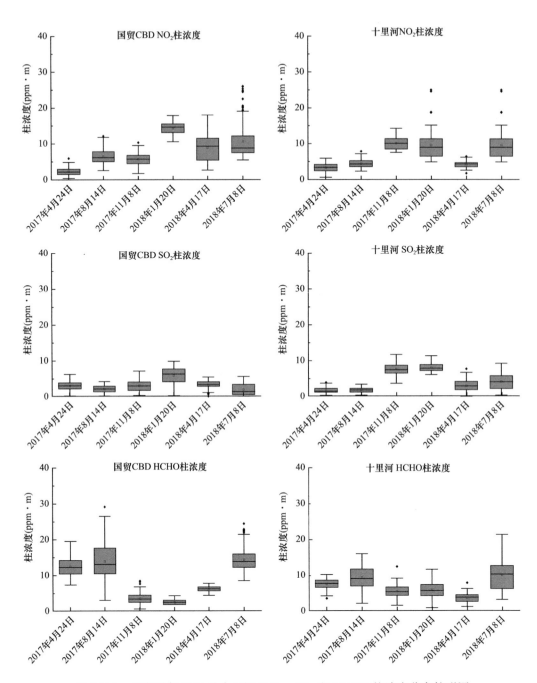

图 3-111　北京国贸 CBD 及十里河 NO$_2$、SO$_2$ 和 HCHO 柱浓度分布箱形图

3）污染排放特征

国贸 CBD 是北京重要的办公区域，其周长为 14.24km，面积为 11.07km^2。十里河是北京老建材交易市场，其周长为 7.12km，面积为 5.83km^2，这两个区域表征了北京不同的人类活动特征。

从污染物排放通量来看，对比六季观测结果，国贸 CBD、十里河 NO$_2$ 污染物排放通量基本持平，SO_2 排放通量整体不高，HCHO 排放通量整体不高，见图 3-112。

图 3-112　国贸 CBD、十里河污染物排放通量

从单位面积排放通量来看，十里河 NO_2 和 SO_2 单位面积排放通量高于国贸 CBD NO_2 和 SO_2 单位面积排放通量，见图 3-113。

图 3-113　国贸 CBD、十里河单位面积污染物排放通量

这说明，国贸 CBD 虽然集中了大量办公人员，其整体交通及其他存在污染的人为活动强度低于十里河整体交通及其他存在污染的人为活动强度。

3. 北京行政副中心及北京大兴国际机场污染分布及排放特征

1) 气象条件分析（表 3-18、表 3-19）

气象条件分析（一）　　　　　　　　　　　　　　　　表 3-18

	季节	春	夏	秋	冬
北京行政副中心	气象条件	气候背景 • 气象要素：西北风，平均风速为 3.53m/s；平均气温为 18.07℃；平均相对湿度为 31.32%	气候背景 • 气象要素：东风，平均风速为 3.69m/s；平均气温为 29.1℃；平均相对湿度为 61.69%	气候背景 • 气象要素：西北风，平均风速为 2.73m/s；平均气温为 7.33℃；平均相对湿度为 44.08%	气候背景 • 气象要素：西北风，平均风速为 2.95m/s；平均气温为 −1.13℃；平均相对湿度为 37.13%

季节	春	夏	秋	冬
北京行政副中心 气象条件	2017 年 4 月 25 日 • 地面：西北偏北风为主，平均气温为 16.4℃，平均相对湿度为 18.1%，平均风速为 3.0m/s，观测时段内的风速呈微弱的下降趋势。 • 高空：西北风。 • 探空：没有逆温，且湿度很小。 2018 年 4 月 17 日 • 地面：南风为主，平均气温为 22.2℃，平均相对湿度为 38.0%，平均风速为 3.0m/s，观测时段内的风速基本在 3.0m/s 上下波动。 • 高空：西南风。 • 探空：925～850hPa 有逆温。 • 扩散条件：不利于污染物扩散	2017 年 8 月 7 日 • 地面：西北偏北风为主，平均气温为 32.2℃，平均相对湿度为 41.7%，平均风速为 2.9m/s。 • 高空：西北风。 • 探空：近地面没有湿层和逆温层，整层湿度亦很小，无不稳定能量。 • 扩散条件：较有利于污染物的扩散。 2018 年 7 月 8 日 • 地面：东南风为主，平均气温为 28.3℃，平均相对湿度为 75.0%，平均风速为 1.5m/s，观测时段内的风速基本在 1.5m/s 上下波动。 • 高空：西北风为主。 • 探空：8 时探空上，无逆温，有一定不稳定能量，850hPa 以下湿度较大。 • 扩散条件：较有利于污染物的扩散	2017 年 11 月 8 日 • 地面：东南偏东风和东南风为主，平均气温为 11.9℃，平均相对湿度 33.7%，平均风速为 2.5m/s，观测时段内的风速变化较为平稳。 • 高空：西北风。 • 探空：近地面层均有一浅层逆温（1000hPa 以下），湿度均很小。 • 扩散条件：不利于污染物扩散	2018 年 1 月 20 日 • 地面：东南偏东风为主，平均气温为 2.2℃，平均相对湿度为 48.0%，平均风速为 3.8m/s，观测时段内的风速呈微弱的下降趋势。 • 高空：西北风。 • 探空：8 时近地面有明显的逆温层。 • 扩散条件：受偏东风影响，近地层相对湿度增大，空气污染气象条件等级为 2～3 级，扩散条件一般

气象分析条件（二）　　　　　　　　　　　　　　表 3-19

季节	春	夏	秋	冬
北京大兴国际机场 气象条件	气候背景 • 气象要素：西南偏西风，平均风速为 2.7m/s；平均气温为 18.52℃；相对湿度为 34.62%。 2017 年 4 月 26 日 • 地面：主导风为北风和东北偏北风，平均气温为 20.8℃，平均相对湿度为 14.8%，平均风速为 3.4m/s，风速变化较为平稳。 • 高空：西北风	气候背景 • 气象要素：东北偏东风，平均风速为 1.6m/s；平均气温为 29.6℃；相对湿度为 61.84%。 2017 年 8 月 15 日 • 地面：以西南偏南风为主，平均气温为 30.7℃，平均相对湿度为 63%，平均风速为 1.9m/s，风速变化较为平稳。 • 高空：西北风	气候背景 • 气象要素：东北偏东风，平均风速为 1.95m/s；平均气温为 7.02℃；相对湿度为 47.87%。 2017 年 11 月 13 日 • 地面：北风和东北偏北风为主，平均气温为 12.0℃，平均相对湿度为 13.2%，平均风速为 3.4m/s，观测时段内的风速在 14：30 之后有所增大	气候背景 • 气象要素：东北偏东风，平均风速为 2.08m/s；平均气温为 -1.1℃；相对湿度为 42.35%。 2018 年 1 月 23 日 • 地面：主导风为北风和东北风，平均气温为 -8.9℃，平均相对湿度为 14.0%，平均风速为 2.7m/s，观测时段内的风速呈现先上升后下降的变化趋势

季节		春	夏	秋	冬
北京大兴国际机场	气象条件	• 探空：整层湿度很小，无逆温。 • 扩散条件：非常有利于污染物扩散。 2018年4月19日 • 地面：主导风为东南偏南风，平均气温为23.8℃，平均相对湿度为66%，平均风速为3.2m/s，观测时段内的风速呈下降趋势。 • 高空：东南风。 • 探空：8时1～1.5km有一层逆温。 • 扩散条件：较利于扩散	• 探空：8时1.5km以下湿度较大，有浅层逆温；14时1～1.5km略湿，其他层均较干，无逆温。 • 扩散条件：较有利于污染物的扩散。 2018年7月5日 • 地面：主导风为偏西风，平均气温为36.5℃，平均相对湿度为38%，平均风速为1.1m/s，风速呈下降趋势。 • 高空：以东北风和偏东风为主。 • 探空：8时无逆温层，整层湿度较小，有一定不稳定能量，但低层的对流抑制也较大。 • 扩散条件：较有利于污染物的扩散	• 高空：西北风，且风速较大。 • 探空：近地面有一层浅薄的逆温，700hPa略有湿度。 • 扩散条件：非常有利于污染物扩散	• 高空：以东北风为主。 • 探空：8时探空近地面均没有明显的逆温层，但近地面湿度较大。 • 扩散条件：气象条件非常有利于空气污染物的扩散

2）污染分布特征

北京行政副中心观测区域周长为34.45km，观测面积为47.7km²；北京大兴国际机场为北京新建机场，观测周长为66.91km，观测面积为278.93km²。二者同是施工建设区域，存在大量运行的非道路移动机械，对北京及周边地区有污染影响。

北京行政副中心及北京大兴国际机场 NO_2、SO_2、HCHO 柱浓度分布图如图3-114和图3-115所示，分布箱形图如图3-116所示。

对比观测结果，整体来看：

（1）北京行政副中心 NO_2、SO_2 柱浓度均值呈现秋冬季柱浓度均值＞春夏季柱浓度均值，HCHO柱浓度均值呈现夏季柱浓度均值＞春季柱浓度均值＞秋季柱浓度均值＞冬季柱浓度均值特点。

（2）与北京行政副中心污染物柱浓度均值相比，北京大兴国际机场污染物柱浓度均值处于极低水平。

（3）北京行政副中心污染物排放通量整体大于北京大兴国际机场污染物排放通量。

与同期相比，北京行政副中心 NO_2 平柱均浓度高于北京大兴国际机场平均柱浓度。由于北京行政副中心的施工强度显著高于北京大兴国际机场的施工强度，且北京大兴国际机场观测区域内人为活动较为单一，存在较大影响的仅为观测区域内的机场施工，且绕行区域距离施工源较远。在扩散作用下，污染物浓度整体偏低，北京行政副中心的观测区域内存在较强的交通活动，且施工强度也较大，因此，在北京大兴国际机场观测到的污染物浓度整体低于在北京行政副中心观测到的污染物浓度。

图 3-114　北京行政副中心 NO_2、SO_2、HCHO 柱浓度分布图

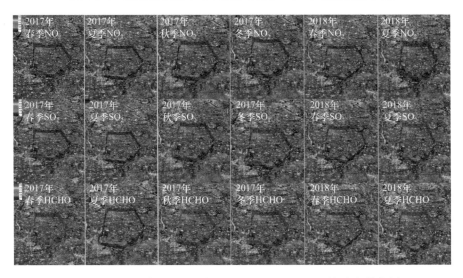

图 3-115　北京大兴国际机场 NO_2、SO_2、HCHO 柱浓度分布图

受光化学反应影响，北京行政副中心夏季与冬季 HCHO、NO_2 柱浓度是反相关关系。

3）污染排放特征

由于北京大兴国际机场观测区域偏大，其污染物柱浓度整体偏低，不能表征人类污染排放水平，污染物排放通量可以用来表征人类污染排放水平。对比六

季观测结果来看，北京大兴国际机场污染物排放通量整体低于北京行政副中心污染物排放通量，说明北京大兴国际机场内的人为活动对污染的影响要小于北京行政副中心人为活动对污染物的影响。两个区域 SO_2 排放通量整体偏低，见图 3-117。

图 3-116 北京行政副中心及北京大兴国际机场污染物柱浓度分布箱形图

对比六季，受周围道路影响，北京大兴国际机场观测面积偏小，且人类活动强度水平低于北京行政副中心人类活动强度水平，因此，北京行政副中心单位面积 NO_2 和 SO_2 排放通量高于北京大兴国际机场单位面积 NO_2 和 SO_2 排放通量，见图 3-118。

图 3-117　北京行政副中心、北京大兴国际机场污染物排放通量

图 3-118　北京行政副中心及北京大兴国际机场单位面积污染物排放通量

3.2.3　北京及其他城市连接线污染分布特征

1. 北京—张家口污染分布特征

1）气象分析（表 3-20）

气　象　分　析　　　　　　　　　　　　　　　　　　　　表 3-20

	季节	春	夏	秋	冬
北京—张家口	气象条件	气候背景 • 环流形势：偏西气流为主，冷空气活动减弱 • 扩散条件：较秋冬季偏好	气候背景 • 环流形势：偏南气流为主，暖湿气流活动频繁 • 扩散条件：降水多、热力湍流活动强，利于扩散	气候背景 • 环流形势：西北气流为主，冷空气活动增加 • 扩散条件：易出现逆温、形成静稳天气，不利于扩散	气候背景 • 环流形势：西北气流为主，冷空气活动频繁 • 扩散条件：易出现逆温、形成静稳天气，不利于扩散

季节		春	夏	秋	冬
北京—张家口	气象条件	1）2017年4月28日 • 10m：宣化区以偏北风为主，风速持续增大（3～10m/s）；八达岭以偏北风为主，风速持续增大（2～7m/s）；北京风速低于张家口风速。 • 200m：宣化区以西北风为主，风速持续增大（6～12m/s）；八达岭以偏北风为主，风速持续增大（12～15m/s）。 • 环流：低压槽后偏北气流控制。 • 探空：8时北京近地面有浅薄逆温层，张家口2km处浅薄逆温；湿度均很小，无不稳定能量。 • 扩散条件：利于污染物扩散。 2）2018年5月10日 • 10m：宣化区以西北风为主，风速稳定（1m/s）；八达岭以东南风为主，风速持续增大（3～6m/s）。 • 200m：宣化区由西北风变为东南风，风速持续增大（1～6m/s）。八达岭以东南风为主，风速稳定（6m/s）。 • 环流：北京—张家口有切变线。 • 探空：8时均无逆温、湿度很小，无不稳定能量。 • 扩散条件：扩散条件良好，空气污染气象条件等级为2级	1）2017年8月5日 • 10m：宣化区以北风为主，风速较为稳定（1～2m/s）；八达岭以偏南风为主，风速持续增大（3～6m/s）。 • 200m：宣化区以偏北风为主，风速较为稳定（1.5～3m/s）；八达岭以偏南风为主，风速持续增大（3～7m/s）。 • 环流：高空槽东移，风场交汇（偏西—偏东、偏北—偏南）。 • 探空：8时（张家口站）的探空图上，无不稳定能量，整层较干，近地面层中850hPa附近有浅薄的逆温。 • 扩散条件：扩散条件一般，空气污染气象条件等级为2～3级。 2）2018年7月8日 • 10m：宣化区以西北风为主，风速较小（1m/s）；八达岭以东南风为主，风速持续增大（1～6m/s）。 • 200m：宣化区以西北风为主，风速较小（1～2m/s）；八达岭以东南风为主，风速持续增大（1～7m/s）。 • 环流：北京市地面风向较乱，五环路内以偏东风为主，通州地区以东南风为主，张家口市地面存在一辐合线，其北以西北风为主，其南以东南风为主。 • 探空：8时（张家口站）探空图上，近地面湿度略大，上层湿度较小，无逆温层，有一定不稳定能量。 • 扩散条件：较有利于污染物清除，空气污染气象条件等级为2级	2017年11月9日 • 10m：宣化区以东南风为主，风速由3m/s减小到静风；八达岭以西南风为主、风速较稳定（6m/s）。 • 200m：宣化区以东南风为主，风速由4m/s减小到0m/s；八达岭以西南风为主，风速持续增大（5～9m/s）。 • 环流：高空槽过境，西南风转西北风。 • 探空：8时（张家口站）近地面有浅薄逆温层，850hPa附近还有一层略厚的逆温层，同样700hPa附近湿度略大。 • 扩散条件：扩散条件略有转差，空气污染气象条件为2～3级	2018年1月21日 • 10m：宣化区东北风转为东南风，风速逐渐减小（0～2m/s）；八达岭以东北风为主，风速逐渐减小（2.5～4m/s）。 • 200m：宣化区以东南风为主，风速逐渐增大（1～3m/s）；八达岭以东北风为主，风速持续增大（2.5～6m/s）。 • 环流：8时京津冀中部、东南部地区以东北风为主，南部地区以偏北风为主，京津冀西北部地区以西北风为主，张家口地区北部以偏西风为主，张家口南部地区以偏东风为主。 • 探空：8时探空（张家口站）近地面有浅层的逆温。 • 扩散条件：较有利于空气污染物的扩散，空气污染气象条件等级为2级

2）污染分布特征

北京—张家口为北京西北方向的重要风口，八达岭为重要的旅游景点，京藏高速八达岭路段易形成交通拥堵，产生污染。2017年初至2018年夏季对北京至张家口沿线进行了走航遥测。

结合北京—张家口 NO_2 和 SO_2 分布图以及箱形图可知，北京—张家口2017年冬季和2018年春季存在着明显高于其他季节的 NO_2 和 SO_2 浓度。同时由箱形图可知，箱体1/4和3/4线在浓度上有着较大的跨度，说明这两个季节的观测存在着大面积的污染，与 NO_2 的地图分布一致。SO_2 的箱形图分布多次有奇异值出现，说明北京—张家口区域在某些路段上出现了附近工业园区 SO_2 点源扩散污染，考虑走航沿线的下花园地区存在下洼区域，以及八达岭的狭隘山口，不排除污染物积聚的可能（图3-119、图3-120）。

图 3-119　2017年春季至2018年夏季北京—张家口 NO_2 和 SO_2 观测结果

自2017年秋季后，张家口宣化地区多次同步出现 NO_2 和 SO_2 柱浓度高值。北京—张家口 NO_2 和 SO_2 分布图［背景为EWMFC（卫星数据）NO_2 和 SO_2 柱浓度分布］见图3-121。

观测期间，京藏高速八达岭路段污染物浓度整体不高，但在交通拥堵期间易产生 NO_2 污染。2018年5月10日北京—张家口 NO_2 柱浓度与车速分布关系图见图3-122。汽车行驶至京藏高速八达岭路段时遇到拥堵，拥堵时间为1h，长时间的交通拥堵引起 NO_2 柱浓度在局部地区升高。

图 3-120　北京—张家口 NO$_2$ 和 SO$_2$ 柱浓度分布箱形图

图 3-121　北京—张家口 NO$_2$ 和 SO$_2$ 分布图［背景为 EWMFC

（卫星数据）NO$_2$ 和 SO$_2$ 柱浓度分布］

图 3-122　2018 年 5 月 10 日北京—张家口 NO$_2$ 柱浓度与车速分布关系图

2. 北京—石家庄、北京—保定—沧州污染分布特征

1）气象分析（表3-21、表3-22）

气象分析（一）   表3-21

	季节	春	夏	秋	冬
北京—石家庄	气象条件	气候背景 • 环流形势：偏西气流为主，冷空气活动减弱。 • 扩散条件：较秋冬季偏好。 1）2017年4月27日 • 10m：北京以西北风为主，风速持续增加（4～6m/s）。 • 200m：北京以西北风为主，风速持续增加（6～12m/s）。 • 环流：受西北气流控制。 • 探空：8时近地面均有一逆温层，湿度很小。 • 扩散条件：利于污染物扩散的气象条件维持，空气污染气象条件等级为1级。 2）2018年4月19日 • 10m：北京以东风为主，风速稳定（3～5m/s）；石家庄以东南风为主，风速稳定（4～5m/s）。 • 200m：北京以东风为主，风速为6～9m/s；石家庄以东南风为主，风速逐渐增大（5～9m/s）。 • 环流：南部地区为偏南风控制，其余地区为偏东风。 • 探空：8时探空近地面均没有明显的逆温层，但近地面湿度较大。 • 扩散条件：受弱气压场控制，不利于污染物扩散，午后风力增大，部分地区扩散条件略好转，空气污染气象条件等级为3～4级	气候背景 • 环流形势：偏南气流为主，暖湿气流活动频繁。 • 扩散条件：降水多、热力湍流活动强，利于扩散。 1）2017年8月7日 • 10m：北京以北风为主，风速逐渐减弱（2～4m/s）。 • 200m：北京以北风为主，风速逐渐减弱（1～6m/s）。 • 环流：西北风控制。 • 探空：8时的探空上，近地面有一层浅薄的逆温层，但没有明显湿层。 • 扩散条件：非常有利于污染物扩散，空气污染气象条件等级为1级。 2）2018年7月7日 • 10m：北京以东风为主，风速逐渐增大（1～6m/s）；石家庄以东南风为主，风速逐渐增大（1～4m/s），北京风速较弱。 • 200m：北京以东南风为主，风速逐渐增大（5～9m/s）；石家庄以东南风为主，风速逐渐增大（1～6m/s）。 • 环流：以东北风为主。 • 探空：8时的探空图上，无逆温层，低层湿度略大。 • 扩散条件：较有利于污染物清除，空气污染气象条件等级为2级	气候背景 • 环流形势：西北气流为主，冷空气活动增加。 • 扩散条件：易出现逆温、形成静稳天气，不利于扩散。 2017年11月9日 • 10m：北京由北风转为西南风，风速逐渐增大（1～4m/s）；保定以西南风为主，风速逐渐增大（4～5.5m/s）；石家庄以西南风为主，风速逐渐增大（1～5.5m/s）；风速由北至南依次增大。 • 200m：北京由北风转为西南风，风速逐渐减弱（4～6m/s）；保定以西南风为主，风速稳定（5.5m/s）；石家庄以西南风为主，风速稳定（6m/s）；风速由南至北依次增大。 • 环流：受西南风控制。 • 探空：8时近地面有浅薄逆温，而925～850hPa逆温层略厚，700hPa附近湿度略大。 • 扩散条件：扩散条件略有转差，空气污染气象条件等级为2～3级	气候背景 • 环流形势：西北气流为主，冷空气活动频繁。 • 扩散条件：易出现逆温、形成静稳天气，不利于扩散。 2018年1月23日 • 10m：北京以西北风为主，风速较为稳定（4～6m/s）；石家庄以偏东风为主，风速较小（0.5～2m/s）；北京风速较大，石家庄风速较小。 • 200m：北京以西北风为主，风速逐渐减弱（3.5～6m/s）；石家庄以偏东风为主，风速逐渐减弱（1～2.5m/s）；北京风速较大，石家庄风速较小。 • 环流：西北气流控制，风速较大。 • 探空：8时探空近地面均没有明显的逆温层，但近地面湿度较大。 • 扩散条件：气象条件非常有利于空气污染物的扩散，空气污染气象条件等级为1级

季节		春	夏	秋	冬
北京—保定—沧州	气象条件	气候背景 • 环流形势：偏西气流为主，冷空气活动减弱。 • 扩散条件：较秋、冬季偏好。 2018年4月24日 • 10m：北京以北风为主，风速逐渐增大（4.5～6m/s）；保定以西北风为主，风速逐渐增大（3.5～4.5m/s）；沧州以西北风为主，风速逐渐增大（4～6m/s）；沧州风速最大，保定、北京次之。 • 200m：北京以西北风为主，风速逐渐减小（4～8m/s）；保定以西北风为主，风速逐渐减小（3～6m/s）；沧州以西北风为主，风速逐渐减小（3～8m/s）；沧州风速最大，北京、保定次之。 • 环流：以东北风控制为主。 • 探空：8时探空近地面有浅薄的逆温，整层湿度很差	气候背景 • 环流形势：偏南气流为主，暖湿气流活动频繁。 • 扩散条件：降水多、热力湍流活动强，利于扩散。 1) 2017年8月10日 • 10m：北京以南风为主，风速逐渐增大（0.5～4m/s）；保定以南风为主，风速逐渐增大（1.5～3.5m/s）；沧州以南风为主，风速逐渐增大（1～4m/s）；沧州风速最大，北京、保定次之。 • 200m：北京以南风为主，风速逐渐增大（1～6m/s）；保定以南风为主，风速逐渐增大（2.5～3.5m/s）；沧州以南风为主，风速逐渐增大（3.5～4.5m/s）；北京风速最大，保定、沧州次之。 • 环流：偏西风控制、南部地区为西北风。 • 探空：8时的探空图上，不稳定能量较小，925hPa以下为一逆温层，较深厚。 • 扩散条件：较有利于污染物清除和扩散。 2) 2018年7月9日 • 10m：北京以东南风为主，风速逐渐增大（2～5.5m/s）；保定以东南风为主，风速较稳定（1～2.5m/s）；沧州以东南风为主，风速1～2m/s；北京风速最大，保定、沧州次之。 • 200m：北京以东南风为主，风速逐渐增大（3.5～7.5m/s）；保定以东南风为主，风速逐渐增大（1～4.5m/s）；沧州以东风为主，风速逐渐增大（1～4.5m/s）；北京风速最大，保定、沧州次之	气候背景 • 环流形势：西北气流为主，冷空气活动增加。 • 扩散条件：易出现逆温、形成静稳天气，不利于污染物扩散。 2017年11月13日 • 10m：北京以西北风为主，风速稳定（7.5～8.5m/s）；保定以西北风为主，风速稳定（4.5～6m/s）；沧州以西北风为主，风速稳定（7.5～8.5m/s）；沧州和北京风速较大，保定次之。 • 200m：北京以西北风为主，风速较稳定（9.5～10m/s）；保定以西北风为主，风速逐渐减小（5.5～8m/s）；沧州以西北风为主，风速逐渐减小（4.5～8.5m/s）；北京风速最大，沧州、保定次之。 • 环流：西北风影响。 • 探空：8时探空近地面无逆温，500hPa略有湿度	气候背景 • 环流形势：西北气流为主，冷空气活动频繁 • 扩散条件：易出现逆温、形成静稳天气，不利于污染物扩散。 2018年1月21日 • 10m：北京由东北风转东风，风速逐渐增大（2.5～6m/s）；保定以东北风为主，风速稳定（4～4.5m/s）；沧州以东北风为主，风速稳定（4.5～6m/s）；北京、沧州风速较大，保定次之。 • 200m：北京以东风为主，风速逐渐增大（3～7m/s）；保定以东北风为主，风速稳定（2～4m/s）；沧州以东北风为主，风速逐渐减小（3～6m/s）；北京、沧州风速较大，保定次之。 • 环流：南部和东南部地区为西北偏西风控制，其余地区为西南风控制。 • 探空：8时探空近地面有浅层的逆温

季节		春	夏	秋	冬
北京—保定—沧州	气象条件	• 扩散条件：较有利于污染物扩散，空气污染气象条件等级为2级	• 环流：中部和东南部地区为东南风控制。 • 探空：近地面有浅层的逆温。 • 扩散条件：扩散条件一般，由于近地面湿度较大，能见度较低，空气污染气象条件等级为3~4级	• 扩散条件：非常有利于污染物扩散，空气污染气象条件等级为1级	• 扩散条件：较有利于空气污染物的扩散，空气污染气象条件等级为2级

2）污染分布特征

总体来看，北京—石家庄、北京—保定—沧州 NO_2 在城市周围分布偏高。在观测期间，西南输送通道 SO_2 柱浓度在南风风场作用下升高。NO_2 柱浓度高值多在城市附近出现。2017 年至 2018 年夏季北京—石家庄 NO_2 和 SO_2 柱浓度分布见图 3-123，2017 年至 2018 年北京—保定—沧州 NO_2 和 SO_2 柱浓度分布见图 3-124（未含 2017 年春季数据）。

图 3-123　2017 年至 2018 年夏季北京—石家庄 NO_2 和 SO_2 柱浓度分布图

图 3-125、图 3-126 为北京—石家庄、北京—保定—沧州 NO_2 和 SO_2 柱浓度分布箱形图。北京—石家庄 NO_2 分布箱形图的 1/4 和 3/4 分位线差距分别在 2017 年春、秋季，2018 年春、夏季出现较为明显的差距，说明在观测中，存在较大面积污染；但 2017 年春秋季 NO_2 柱浓度平均值较低，因此，污染影响有限。SO_2 在 2017 年春、冬季以及 2018 年春季亦出现类似情况，呈现较大面积污染。

图 3-124　2017 年至 2018 年北京—保定—沧州 NO$_2$ 和 SO$_2$ 柱浓度分布图（未含 2017 年春季数据）

图 3-125　北京—石家庄 NO$_2$ 和 SO$_2$ 柱浓度分布箱形图

图 3-126　北京—保定—沧州 NO$_2$ 和 SO$_2$ 柱浓度分布箱形图

图 3-127 为北京—石家庄 NO_2 和 SO_2 柱浓度分布图（背景为卫星数据 NO_2 和 SO_2 柱浓度分布）。总体来说，在南、北风场下，西南输送通道 NO_2 和 SO_2 柱浓度分布特征有显著的区别。在偏北风场下，扩散条件良好，污染物浓度低；在偏南风场下，污染气体沿西南通道持续偏高。

图 3-127　北京—石家庄 NO_2 和 SO_2 柱浓度分布图（背景为卫星数据
NO_2 和 SO_2 柱浓度分布）

2017 年 11 月 9 日，在清洁风场作用下，污染由西北向东南扩散，扩散至太行山山脉时被车载 DOAS 捕获。

与北京—石家庄污染物分布类似，在南、北风场下，北京—保定—沧州 NO_2 和 SO_2 柱浓度分布特征有显著的区别（图 3-128）。在偏北风场下，污染物浓度低；在偏南风场下，污染物浓度偏高。

图 3-128 北京—保定—沧州 NO_2 和 SO_2 柱浓度分布图（背景为卫星数据
NO_2 和 SO_2 柱浓度分布）

3. 北京—沧州污染分布特征

1）气象分析（表 3-23）

气 象 分 析   表 3-23

	季节	春	夏	秋	冬
北京—沧州	气象条件	气候背景 • 环流形势：偏西气流为主，冷空气活动减弱。 • 扩散条件：较秋冬季好	气候背景 • 环流形势：偏南气流为主，暖湿气流活动频繁。 • 扩散条件：降水多、热力湍流活动强，利于扩散	气候背景 • 环流形势：西北气流为主，冷空气活动增加。 • 扩散条件：易出现逆温、形成静稳天气，不利于扩散	气候背景 • 环流形势：西北气流为主，冷空气活动频繁。 • 扩散条件：易出现逆温、形成静稳天气，不利于扩散

	季节	春	夏	秋	冬
北京—沧州	气象条件	1）2017年5月1日 • 环流：受偏南风控制。 • 探空：8时探空无逆温层，湿度小。 • 扩散条件：扩散条件转差，空气污染气象条件等级为2～3级。 2）2018年4月23日 • 10m：北京由北风转为东北风，风速较为稳定（4～4.5m/s）；沧州以东北风为主，风速较为稳定（4～4.5m/s）；北京和沧州风速相当。 • 200m：北京以东北风为主，风速为4.5～5m/s；沧州由东北转为东风，风速较为稳定（5～6m/s）；沧州风速较大，北京风速较小。 • 环流：以偏北风为主。 • 探空：8时探空近地面有较薄逆温层。 • 扩散条件：总体有利于大气污染物的扩散	1）2017年8月8日 • 10m：北京由南风转为东北风，风速逐渐增大（1～6m/s）；污染浓度物高值区（天津）由南风转为东北风，风速逐渐增大（1.5～5.5m/s）；沧州以西南风为主，风速逐渐增大（2.5～4m/s）；天津风速较大，北京次之，沧州最小。 • 200m：北京由南风转为东北风，风速逐渐增大（1～6m/s）；污染物浓度高值区（天津）以南风为主，风速逐渐增大（3～4.5m/s）；沧州以西南风为主，风速逐渐增大（4～6m/s）；天津风速较大，北京次之，沧州最小。 • 环流：受西北风控制。 • 探空：8时近地面没有逆温层，不稳定能量较大，500hPa湿度略大。 • 扩散条件：扩散条件一般，同时气温较高，日照较强，利于光化学反应进行，空气污染气象条件等级为3级。 2）2018年7月7日 • 10m：北京以东风为主，风速较为稳定（1～2m/s）；沧州以南风为主，风速逐渐增大（1～4m/s）；沧州风速较大，北京风速较小。 • 200m：北京以南风为主，风速逐渐增大（2～4.5m/s）；沧州以西南风为主，风速逐渐增大（6.5～8m/s）；沧州风速较大，北京风速较小。 • 环流：中部地区为西南风控制，南部和东南部地区为东北风影响	2017年11月5日 • 10m：北京以南风和西风风为主，风速逐渐增大（0.5～4m/s）；沧州以西南风为主，风速逐渐增大（3～5.5m/s）；沧州风速较大，北京风速较小。 • 200m：北京以西南风为主，风速逐渐增大（4～6m/s）；沧州以西南风为主，风速逐渐增大（4～8.5m/s）；沧州风速较大，北京风速较小。 • 环流：以西南风为主。 • 探空：8时探空近地面仅有浅薄的逆温，且湿度很小。 • 扩散条件：受偏南风影响，扩散条件逐渐转差，空气污染气象条件等级为3～4级	2018年1月23日 • 10m：北京由北风转为东南风，风速较为稳定（0.5～2m/s）；沧州以东北风为主，风速较为稳定（3～4.5m/s）；沧州风速较大，北京风速较小。 • 200m：北京以东北风为主，风速逐渐减小（4～4.5m/s）；沧州以东北风为主，风速逐渐减小（1.5～3.5m/s）；北京风速较大，沧州风速较小。 • 环流：西北气流控制，风速较大。 • 探空：8时探空近地面均没有明显的逆温层，但近地面湿度较大。 • 扩散条件：气象条件非常有利于空气污染物的扩散，空气污染气象条件等级为1级

	季节	春	夏	秋	冬
北京—沧州	气象条件		• 探空：8 时探空无逆温层，低层湿度略大。 • 扩散条件：较有利于污染物清除，空气污染气象条件等级为2级		

2）污染分布特征

北京—沧州为污染物的东南输送通道，其污染物输送主要来自天津、河北以及山东等沿线省市。图 3-129 为 2017 年至 2018 年夏季北京—沧州 NO_2 和 SO_2 柱浓度分布图。整体来看，NO_2 浓度高值多在北京区域以及天津的下风向区域出现，SO_2 浓度高值多出现在沧州方向，北京无明显 SO_2 高值出现。

图 3-129　2017 年至 2018 年夏季北京—沧州 NO_2 和 SO_2 柱浓度分布图

图 3-130 为 2017 年至 2018 年夏季北京—沧州 NO_2 和 SO_2 柱浓度箱形图，从 NO_2 六次的观测数据来看，NO_2 平均柱浓度在冬、春季最高，在夏季最低，且 NO_2 箱形图分布表明，NO_2 多次出现奇异值，说明在观测期间多次有 NO_2 小规模面或者点源扩散。对比 NO_2 柱浓度地球影像图分布可知，NO_2 小规模面或者点源在北京或者天津下风向。SO_2 柱浓度均值无明显波动，但在 2017 年秋冬季及 2018 年春季出现奇异值，说明存在 SO_2 面或者点源扩散。2017 年秋季的 SO_2 高值主要

出现在北京，而北京无明显的 SO_2 排放源，因此，北京地区的 SO_2 主要是之前的污染输送未及时扩散所致。

图 3-130　2017 年至 2018 年夏季北京—沧州 NO_2 和 SO_2 柱浓度箱形图

4. 北京—唐山污染分布特征
1）气象分析（表 3-24）

气象分析　　　　　　　　　　　　　　　　　　　　　　表 3-24

	季节	春	夏	秋	冬
北京—唐山	气象条件	气候背景 • 环流形势：偏西气流为主，冷空气活动减弱。 • 扩散条件：较秋冬季偏好。 1）2017 年 4 月 27 日 • 10m：北京以北风为主，风速较稳定（6～9m/s）；唐山以东北风为主，风速逐渐增大（6～7m/s）；北京风速较大，唐山风速较小。 • 200m：北京以偏北风为主，风速逐渐减小（10～12m/s）；唐山以东北风为主，风速较稳定（8～10m/s）；北京风速较大，唐山风速较小	气候背景 • 环流形势：偏南气流为主，暖湿气流活动频繁。 • 扩散条件：降水多、热力湍流活动强，利于扩散。 1）2017 年 8 月 8 日 • 10m：北京以南风为主，风速逐渐增大（1～3m/s）；浓度高值区以西北风为主，风速逐渐增大（4～6m/s）；唐山以南风为主，风速逐渐增大（1～3m/s）； • 200m：浓度高值区风速最大、北京和唐山次之	气候背景 • 环流形势：西北气流为主，冷空气活动增加。 • 扩散条件：易出现逆温，形成静稳天气，不利于扩散。 2017 年 11 月 8 日 • 10m：北京以西南风为主，风速逐渐增大（0.5～4m/s）；唐山以北风为主，风速较为稳定（0.5～1.5m/s）；北京风速较大，唐山风速较小。 • 200m：北京以南风为主，风速逐渐增大（1.5～6m/s）；唐山以南风为主，风速逐渐增大（3～4.5m/s）；北京风速较大，唐山风速较小	气候背景 • 环流形势：西北气流为主，冷空气活动频繁。 • 扩散条件：易出现逆温，形成静稳天气，不利于扩散。 2018 年 1 月 20 日 • 10m：北京污染浓度高值区以东风为主，风速较稳定（4.5～5.5m/s）；唐山以东风为主，风速逐渐减小（6.5～8.5m/s）；唐山风速较大，北京和污染浓度高值区风速较小

季节		春	夏	秋	冬
北京—唐山	气象条件	• 环流：由脊前西北风控制。 • 探空：8时近地面均有一逆温层，湿度均很小。 • 扩散条件：有利于污染物扩散，空气污染气象条件等级为1级。 2) 2018年4月17日 • 10m：北京以偏南风为主，风速较稳定（5～6m/s）；唐山由南风转为东风，风速较稳定（5～6m/s）；北京和唐山风速相当。 • 200m：北京由南风转为东南风，风速较稳定（7～8m/s）；唐山以南风为主，风速逐渐增大（8～10m/s）；唐山风速较大，北京风速较小。 • 环流：受西南风控制。 • 探空：从8时探空上看，850～925hPa有逆温	• 200m：北京以南风为主，风速逐渐增大（1.5～2m/s）；浓度高值区以西北风为主，风速逐渐增大（3～4m/s）；唐山以南风为主，风速逐渐增大（1.5～4m/s）；浓度高值区风速最大，唐山次之，北京风速最小。 • 环流：受西北风控制。 • 探空：8时近地面层同样没有逆温层，湿度略大。 • 扩散条件：扩散条件一般，同时气温较高，日照较强，利于光化学反应进行，空气污染气象条件等级为3级。 2) 2018年7月5日 • 10m：北京以东风为主，风速逐渐增大（1～6m/s）；唐山与唐山附近污染浓度高值区以东风为主，风速逐渐增大（2～8m/s）；唐山与唐山附近污染浓度高值区风速较大，北京风速相对较小。 • 200m：北京由南风转为东风，风速逐渐增大（1～7m/s）；唐山与唐山附近污染浓度高值区以西南风为主，风速逐渐增大（3～10m/s）；唐山与唐山附近污染浓度高值区风速较大，北京风速较小。 • 环流：北京市和唐山市地面同样以偏东风为主。 • 探空：从8时探空上看，925～1000hPa间有一较厚的逆温层，850hPa附近湿度较大，有一定的不稳定能量，主要集中在700hPa以上	• 环流：东北部、东部、东南部受槽后脊前西北风影响，其余为脊后西南风影响。 • 探空：近地面层均有一浅层逆温（1000hPa以下），湿度均很小	• 200m：北京和污染浓度高值区以东风和西南风为主，风速逐渐增大（4.5～6.5m/s）；唐山以东风和西南风为主，风速逐渐增大（7～9.5m/s）；唐山风速较大，北京和污染浓度高值区风速较小。 • 环流：东部地区仍受低涡底后部西北风影响，其他地区转为短波槽前西南风。 • 探空：8时探空近地面没有明显的逆温，但在925～1000hPa间有一层逆温

	季节	春	夏	秋	冬
北京—唐山	气象条件	• 扩散条件：受污染区域传输的影响，空气污染气象条件等级为4级	• 扩散条件：气温较高，有一定光照条件，有利于臭氧生成，大部分地区空气污染气象条件等级为4级	• 扩散条件：较有利于污染物扩散，空气污染气象条件等级为2级	• 扩散条件：扩散条件一般，空气污染气象条件等级为3级

2）污染分布特征

唐山是重要的钢铁城市，位于北京东部，为国家经济发展做出了重要贡献，但在钢铁生产过程中难免会产生大量 NO_x 和 SO_2 排放，在东风影响下，污染会输送至北京，污染北京大气，因此北京—唐山的监测重点应关注唐山污染物分布。总体来看，NO_2 浓度高值区多出现在北京区域，这与其他观测路线规律基本一致。在六个季节观测中，北京地区 SO_2 浓度无明显高值，唐山地区在前五个季节观测中也无明显高值，秋季出现略微升高。在 2018 年夏季观测时，唐山地区的 NO_2 和 SO_2 浓度同步升高，且显著高于其他地区。前五个季节由于国家大气管控政策的严格实施，唐山钢铁企业大部分处于停产状态，因此，SO_2 浓度并无明显升高，而在 2018 年夏季管控政策放开后，唐山地区钢铁企业开始生产，产生大量的污染气体排放。2017 年至 2018 年夏季北京—唐山 NO_2 和 SO_2 柱浓度分布图见图 3-131。

图 3-131　2017 年至 2018 年夏季北京—唐山 NO_2 和 SO_2 柱浓度分布图

图 3-132 为 2017 年至 2018 年夏季北京—唐山 NO_2 和 SO_2 柱浓度箱形图。从箱形图分布来看，北京—唐山 NO_2 在两个夏季观测中出现奇异值，但 1/4 和 3/4 分位线较为接近，说明这两次观测中存在小规模面或者点源排放影响。在 2018 年 1 月 20 日观测中，NO_2 虽然没有奇异值出现，但是其 1/4 和 3/4 分位线差值较大，说明 1 月 20 日观测存在大面积的污染出现，这也与 NO_2 柱浓度分布图一致，在北京和北京—唐山之间的区域出现多次升高。SO_2 箱形图分布表明，在前五个季节观测中，SO_2 浓度均处于较低，无明显波动，在 2018 年夏季观测中（图 3-133），SO_2 出现了多个奇异值，说明在夏季观测中 SO_2 存在源排放，且其 1/4 和 3/4 分位线存在较明显的差距，且此次的 SO_2 柱浓度均值未有明显地升高，说明此次 SO_2 污染规模有限，由唐山—北京方向扩散约为 50km。相对于 NO_2 的 1/4 和 3/4 分位线差距，SO_2 更明显，因此可以推测，SO_2 污染规模要高于 NO_2 污染规模，从 NO_2 和 SO_2 柱浓度分布图可以得到印证。

图 3-132　2017 年至 2018 年夏季北京—唐山 NO_2 和 SO_2 柱浓度箱形图

3.2.4　北京及其他城市连接线污染分布特征小结

1. 北京市区污染小结

（1）自 2005 年以来，北京 NO_2 和 SO_2 污染呈逐年下降趋势，相较于 2005 年，2017 年冬季 NO_2、SO_2 排放通量下降很多。

（2）观测期内，NO_2 和 SO_2 柱浓度均值整体呈现冬季均值＞秋季均值＞春季

图 3-133　2018 年夏季北京—唐山 NO_2 和 SO_2 扩散距离

均值＞夏季均值的特点。

（3）煤改气政策实施后，SO_2 浓度在进入 2017 年秋季后保持较低水平，秋冬季浓度水平基本一致。

（4）西南五环排放通量监测显示，局地 NO_2 浓度较大。

（5）观测期间，北京市区交通拥堵路段易引起 NO_2 柱浓度升高。

（6）与同期相比，二环路与三环路之间区域污染＞二环路内污染＞三环路与四环路之间区域污染＞四环路与五环路之间区域污染。二环路与三环路之间人类活动产生的污染更显著，主要为交通产生的污染。

2. 国贸 CBD、十里河污染小结

（1）国贸 CBD、十里河 NO_2 平均柱浓度整体不高，与拥堵路段相比，处于较低水平。

（2）十里河 NO_2 和 SO_2 单位面积排放通量高于国贸 CBD 的 NO_2 和 SO_2 单位面积排放通量，十里河区域受人为活动影响更为显著。

3. 北京行政副中心、北京大兴国际机场污染小结

（1）观测期间，北京行政副中心 NO_2、SO_2 柱浓度均值呈现秋冬季＞春夏季的特点，HCHO 柱浓度均值呈现夏季＞春季＞秋季＞冬季的特点。

（2）观测期间，北京大兴国际机场污染排放通量整体低于北京行政副中心污染物排放通量，HCHO 排放极低，表明北京行政副中心受非道路移动机械影响和道路交通影响更显著。

4. 北京及其他城市连接线污染小结

（1）南、北风场下，西南输送通道 NO_2 和 SO_2 柱浓度分布特征有显著区别。在偏北风场下，扩散条件良好，污染物浓度低；在偏南风场下，污染物浓度沿西南通道由南向北持续偏高。

（2）扩散条件一般时，京藏高速八达岭路段交通拥堵容易引起 NO_2 污染，张家口存在 NO_2 和 SO_2 污染。

（3）"2+26" 管控政策放宽后，在东南风影响下，唐山地区 SO_2 污染沿唐山—北京方向扩散约为 50km，影响范围显著。

第 4 章
车载 DOAS 的面源排放通量测量及误差研究

面源是指在大范围内有许多排放源的集合，它可以是点污染源或线污染源等不同源的集合，目前主要划分为工业园区、城市面源。相对于工业园区，城市面源的测量相对困难得多。

工业园区、城市面源污染排放有所不同。工业园区存在 NO_x 和 SO_2 排放，而我国城市面源 NO_x 主要为移动源。城市大空间尺度和移动源使得车载 DOAS 的 NO_x 排放通量测量极为困难。大空间尺度导致了如下问题，首先，城内 NO_x 排放通量的未知细节和大量的测量时间，这要求 NO_x 排放通量需要高质量风场，移动源也带来了一个问题，沿测量路线分布的 NO_2 VCD 不仅受到风场影响，而且与交通流量和堵塞密切相关。其次，城市的 $[NO_x]/[NO_2]$ 比例也受到汽车排放的影响导致它难以确定。以上问题集中表现为风场的获取、统计及不确定性评估问题，以及 $[NO_x]/[NO_2]$ 比例的获取问题，从而导致 NO_x 测量难度加大。工业园区的车载 DOAS NO_x 和 SO_2 排放测量类似于点源，与点源不同的是，工业园区通常较大，需要采用闭环积分法进行观测，所以耗用的时间通常较长，因此，风场的不确定性相对增大。

本节选取两台同型号车载 DOAS 和一台风廓线雷达，在北京开展研究，深入分析风场及其不确定性对面源 NO_x 排放的影响。使用车载 DOAS 在日照某钢铁工业园区测量 NO_x 和 SO_2 排放，分析工业园区排放测量的主要误差来源。

4.1　车载 DOAS 的排放通量测量误差研究

由于车载 DOAS 的排放通量测量方法具有快速、方便的特点，使得该方法在大气痕量气体，尤其是大气污染气体排放通量测量方面有着很好的应用。但是车载 DOAS 的排放测量方法也有缺点，该方法受 DOAS 本身和外部因素影响较多，因此，利用车载 DOAS 遥测的排放通量要评估其测量误差，也需要对各误差因素的贡献进行评估，找出误差主因。

4.1.1　误差传播与合成原理

在研究排放通量测量误差之前，需要介绍误差传播与合成基本原理。

对于线性模型 y，见式（4-1）。

$$y = f(x_1, x_2, \cdots, x_k) \tag{4-1}$$

式中（x_1，$x_2 \cdots x_k$）——确定函数 y 的参量。

（x_1，$x_2 \cdots x_k$）在第 k 次测量的误差或者不确定性为（Δx_1，$\Delta x_2 \cdots \Delta x_k$），则由 x_j 的误差在第 i 次测量引起的 Δy_{ij}，见式（4-2）。

$$\Delta y_{ij} = \frac{\partial f}{\partial x_i} \Delta x_{ij} \tag{4-2}$$

若 x_1，$x_2 \cdots x_k$ 相互独立，根据误差传播定理，有式（4-3）。

$$\Delta y_j = \sqrt{\sum_i \Delta y_{ij}^2} \tag{4-3}$$

若参量 x_j 的误差或者不确定性对总的测量影响是系统性的，则 x_j 的误差或者不确定性引起的 Δy_j 有式（4-4）。

$$\Delta y_j = \sum_i \frac{\partial f}{\partial x_j} \Delta x_{ji} \tag{4-4}$$

假设误差源 j 相互独立，根据误差合成定理，总误差见式（4-5）。

$$\Delta y = \sqrt{\sum_j \Delta y_j^2} \tag{4-5}$$

4.1.2　误差来源分析

在排放通量模型研究过程中，排放通量测量过程中需要获取的主要参量首先是气体的 VCD，其次是 VCD 的空间分布，第三是风场，因此排放通量测量的误差主要来自这 3 个参量的误差或者不确定性。由于 NO_x 和 SO_2 被排放到大气后会发生衰减，对于衰减的校正通常包含在算法里，因此，对这两个校正因子的不确定性或者误差也需要研究。

1. VCD 误差

在 DOAS 方法的研究中知道，$VCD = SCD/AMF$，因此 VCD 的误差由 SCD 和 AMF 的误差导出。

1）DOAS 反演的 SCD 误差

SCD 的误差主要由 DOAS 方法引起，包含了两个部分，首先是拟合误差（这部分误差是随机的），然后是吸收截面误差。

在 DOAS 反演中气体的吸收截面 S_j 作为标准库被引入 DOAS 算法，S_j 通常是在实验室较为理想环境中通过高精度测得的，尽管如此，S_j 仍然避免不了误差，这便是 SCD 的另一部分误差来源。通常 NO_2 和 SO_2 气体吸收截面的误差在 $\pm 3\%$。对于被动 DOAS 而言，受到气体交叉干扰影响，吸收截面 NO_2 和 SO_2 的误差在 $\pm 5\%$。吸收截面作为标准库输入 DOAS 算法，其对 SCD 的误差影响是系统性的，即吸收截面误差引起 NO_2 和 SO_2 所有的 SCD 误差均为 $\pm 5\%$，进而引起的排放通量误差也在 $\pm 5\%$。

2）大气辐射校正误差（AMF 误差）

由于太阳光在大气中的传输路径并不是理想的垂直线，而是经过各种大气成分散射到达地面，导致 $SCD \neq VCD$，需要进行 AMF 校正。

对于采用几何近似的 *AMF*，误差通常在±10％，对于模型模拟的 *AMF*，通常模拟在车载 DOAS 观测期间的 *AMF* 空间或者时间分布，进而确定 *AMF* 的时空分布的不确定性。需要指出的是 *AMF* 的校正是针对每一个 *SCD*，因此 *AMF* 的误差属于随机误差。

2. *VCD* 的空间分布误差

VCD 的空间分布采用了 GPS 测量，每次的分布均由相应的汽车行驶位移确定，GPS 记录位置及其误差圆 r 见图 4-1。GPS 给出的误差为圆误差，r 的数值范围通常较小。由于 GPS 记录存在误差，导致每个点的位置不能被如实记录，进而位移 $\vec{s_i}$ 存在误差。严格意义上来说，应该基于 r 建立起 $\Delta \vec{s_i}$，但是汽车行驶状况复杂，难以针对每次的测量误差来具体推导建立 $\Delta \vec{s_i}$，由于 GPS 测量误差的随机性，使得最终的 GPS 测量误差趋于抵消。

图 4-1　GPS 记录位置及其误差圆 r

3. 风场误差/不确定性

针对点源的测量，通常采用烟羽高度的风场即可，风速是主要不确定性因素，但是对于面源，风场不确定性较为复杂。

由排放通量测量的方法可知，采用了高度上的平均风场，没有考虑风廓线的影响，因此风场对通量测量影响的第一个不确定性为风廓线影响，即风场的垂直分布不均匀。前面也提到，风场随着时间而随机波动，在时间上通常采用统计平均的方法归一化风场，但是引入了风场在时间上的不确定性，因此风场对通量测量影响的第二个不确定性为风场在时间上的随机波动（这主要由大气湍流引起）。

由此可知车载 DOAS 进行排放通量测量所使用的风场引入的不确定性因素主要有：

（1）对于点源，风速是不确定性因素。

（2）对于面源，风场的时空波动是不确定性因素。

4. 校正因子误差/不确定性

1）大气寿命校正因子及其不确定性

大气寿命校正因子受到气体扩散/传输时间和大气寿命不确定性的影响。对于车载 DOAS 的测量，显然不能在气体扩散/传输了很长时间后测量，这必然导致大量气体衰减而无法被有效探测，因此 t 的不确定性相对于寿命 τ 就可以被忽略，所以，大气寿命 τ 的不确定性决定了大气寿命校正因子的不确定性。大气寿命校正因子为非线性模型，其不确定性 Δc_τ 需要使用泰勒展开式展开，为线性模型求解。c_τ 的一阶泰勒展开式见式（4-6）。

$$c_\tau = 1 + \frac{t}{\tau} + o(\tau) \tag{4-6}$$

因此，有式（4-7）。

$$\Delta c_\tau = -\frac{\Delta \tau}{\tau} \frac{t}{\tau} \tag{4-7}$$

气体的传输/扩散时间由距离和风速决定，因此 c_τ 和测量期间的风速也存在相关性，由于大气寿命 τ 的不确定性决定了大气寿命校正因子 c_τ 的不确定性，因此这里对于 c_τ 和风速相关性不做考虑。

2）$[NO_x]/[NO_2]$ 比例误差

$[NO_x]/[NO_2]$ 的比例 R_{NO_x} 可通过两种方式获得，第一种是通过仪器沿走航路线实时测量 NO 和 NO_2 的浓度数据求解，第二种是用模型模拟或者用仪器测量平均值。

通过仪器沿走航路线实时测量 NO 和 NO_2 的浓度数据，则 ΔR_{NO_x} 的计算见式（4-8）。

$$\begin{aligned}
\Delta R_{NO_x} &= \Delta\left(\frac{[NO_2]+[NO]}{[NO_2]}\right) \\
&= \sqrt{\left(\frac{\partial R_{NO_x}}{\partial [NO]} \cdot \Delta[NO]\right)^2 + \left(\frac{\partial R_{NO_x}}{\partial [NO_2]} \cdot \Delta[NO_2]\right)^2} \\
&= \frac{[NO]}{[NO_2]}\sqrt{\left(\frac{\Delta[NO]}{[NO]^2}\right)^2 + \left(\frac{\Delta[NO_2]}{[NO_2]^2}\right)^2}
\end{aligned} \tag{4-8}$$

式中　$[NO]$ 和 $[NO_2]$ ——NO 和 NO_2 的点浓度；

　　　　$\Delta[NO]$ ——NO 的浓度测量误差；

　　　　$\Delta[NO_2]$ ——NO_2 的浓度测量误差。

若使用平均值，则 ΔR_{NO_x} 由 R_{NO_x} 时空分布的标准不确定性引起或者由模型误差引起。

对于实验来说，烟羽中的真实 R_{NO_x} 通常是不知道的，只能继续使用测量的稳态 R_{NO_x} 来校正获得 NO_x 排放通量，这必然会导致很大的校正误差，这期间的 R_{NO_x} 真实误差见式（4-9）。

$$\Delta R_{NO_x} = R_{NO_{xt}} - R_{NO_{xs}} \tag{4-9}$$

式中　$R_{NO_{xt}}$ ——t 时刻的 R_{NO_x}；

　　　　$R_{NO_{xs}}$ ——稳态时刻的 R_{NO_x}。

面源 R_{NO_x} 误差主要为 R_{NO_x} 时空分布的标准不确定性引起或者由模型误差引起。

5. 不可探测通量

任何仪器都有最低探测性能，车载 DOAS 在测量过程中受到仪器探测限的影响，会导致低于探测限的气体无法被有效探测，理论上探测限导致的误差属于 *SCD* 误差，本研究将其独立出来以区分探测限影响。在理论上，探测限是由噪声（仪器、光谱）引起，表现为随机误差，可通过多次测量消除。但是在排放通量的实际计算过程中，该部分的 *VCD* 通常会被略去，进而引起不可探测通量并且无法消除。不可探测通量直接决定了合适的探测距离。

4.1.3 排放通量误差评估模型

假设误差源本身的误差或者不确定性已知，下面根据误差源性质确定其引起的通量误差。

AMF 误差、*SCD* 拟合误差、GPS 误差属于随机误差，基于仪器测量 $[NO_x]/[NO_2]$ 比例误差为随机误差，这些误差源在每次测量中引起的通量误差可由式（4-2）和式（4-4）确定。若 $[NO_x]/[NO_2]$ 比例误差使用的是平均比例，则影响是系统性的，可通过式（4-2）和式（4-4）确定对应的排放通量误差；大气寿命校正因子误差是随机的，影响是系统性的，引起的排放通量误差用式（4-2）和式（4-4）确定；气体吸收截面误差引起的排放通量误差属于未定系统误差，正比于排放通量；在面源排放测量中，尤其针对城市的汽车 NO_x 排放测量，风场不确定性属于随机误差，由于测量需要大量时间，因此影响是系统性的，需要通过式（4-2）和式（4-4）确定由风场引起的排放通量误差，面向点源时，通常采用流量法测量，观测时间通常较短，因此风场影响并不是系统性的，应按照式（4-2）～式（4-4）确定引起排放通量误差；探测限引起的不可探测通量理论上属于定值系统误差，在模型中可以计算，但是在实际过程中难以估算，在测量中属于未定系统误差。

大气寿命不确定引起的排放通量误差为 $\Delta F_{c\tau}$，*AMF* 误差引起的排放通量误差为 ΔF_{AMF}，*SCD* 拟合误差引起的排放通量误差为 ΔF_{fit}，风速不确定性引起的排放通量误差为 ΔF_w，风向不确定性引起的排放通量误差为 ΔF_θ，$[NO_x]/[NO_2]$ 比例误差引起的排放通量误差为 ΔF_{RNO_x}，气体吸收截面误差引起的排放通量误差为 ΔF_{cro}，GPS 的误差引起的排放通量误差为 ΔF_s，不可探测通量误差为 ΔF_{uf}。

假设这些误差源彼此独立，NO_x 和 SO_2 的排放通量测量误差见式（4-10）、式（4-11）。

$$\Delta F_{NO_x} = \sqrt{\Delta F_{c\tau}^2 + \Delta F_{AMF}^2 + \Delta F_{fit}^2 + \Delta F_{cro}^2 + \Delta F_s^2 + \Delta F_\theta^2 + \Delta F_w^2 + \Delta F_{RNO_x}^2 + \Delta F_{uf}^2}$$

$$(4\text{-}10)$$

$$\Delta F_{SO_2} = \sqrt{\Delta F_{c\tau}^2 + \Delta F_{AMF}^2 + \Delta F_{fit}^2 + \Delta F_{cro}^2 + \Delta F_s^2 + \Delta F_\theta^2 + \Delta F_w^2 + \Delta F_{uf}^2} \quad (4\text{-}11)$$

以上给出的是更具有一般意义的误差评估模型，面向实际测量情况时，需要根据具体的场景进行分析。

4.1.4　误差源贡献评价指标

由于排放通量误差是非线性的，使用百分比指标评价误差源贡献并不是一个很好的方法，在这里，使用 R_i^2 作为评价指标，见式（4-12）。

$$R_i^2 = \frac{\Delta F_i^2}{\Delta F_{err}^2} \tag{4-12}$$

式中　ΔF_i——误差源 i 引起的排放通量误差；

　　　ΔF_{err}——总误差。

因为 $\sum_i R_i^2 = 1$，不同的误差来源分配可以很好地由 R_i^2 表示。当 $R_i^2 > 0.5$ 时，误差源贡献超过一半，必然是主要误差源。

需要注意的是，在评估误差的大小时，仍使用绝对误差或者相对误差表示。

4.2　车载 DOAS 的面源排放测量参数获取研究

车载 DOAS 的面源排放通量测量方法已经在上节研究过，下面对面源 NO_x 和 SO_2 排放测量的大气辐射校正、风场获取及平均风场统计的理论方法、$[NO_x]/[NO_2]$ 比例获取及在这种方法下的 NO_x 排放计算的理论方法单独研究。

4.2.1　面源 NO_x 和 SO_2 排放测量的大气辐射传输校正研究

面源的 $DSCD$ 校正分为两类，首先，是以移动源排放为主的 AMF 校正，其次，是以工业园区为主的 AMF 校正。

工业园区的排放测量与点源排放类似，不同的是工业园区的排放测量需要较多的时间，需要考虑太阳天顶角的变化，因此，工业园区测量的 NO_x 和 SO_2 的 AMF 校正要综合考虑烟羽的分布和观测时间的影响，而后依据模拟的点源 AMF 进行估算。

对于城市面源排放测量，因为面源内部有大量的汽车 NO_x 排放，导致 NO_x 的分布出现很大的随机性，而且都是从地表排放扩散至空中，因此，城市面源的 AMF 校正相对更为困难。为了简化校正，将城市看作一个整体，在理论上假设城市的气体分布均匀，并且不考虑源的随机性，同时，也不考虑源扩散的平面延展性，进而使用 box-AMF 模型。需要注意的是，城市内部会有交通拥堵，导致观测时间很长，因此，观测期间太阳天顶角会发生显著的变化。车载 DOAS 的大气辐射传输校正除了考虑气溶胶消光系数和气体分布高度外，还需要考虑观测时间对 AMF 校正的影响。对于面源除了考虑气体气溶胶的影响，应重点考虑太阳天顶角变化的影响。

4.2.2 风场获取及平均风场统计的方法研究

风场不确定性是车载 DOAS 排放通量测量的主要误差源。一些关于车载 DOAS 的研究表明，拥有风廓线对面源排放至关重要，并建议采用实时测量的平均风场计算排放通量。

风场获取包括两种可行的方法：第一种方法是使用车载 DOAS 移动测量风场，第二种方法是定点观测。在面源测量，使用第一种方法测量的风场属于瞬时风场，不推荐使用。本书使用第二种方法进行观测，而后进行统计平均。

参与 NO_x 排放通量计算的风参数为平均的风速和风向，而风廓线雷达提供的数据为风廓线的时间序列，需要对测量的风场进行平均。有两种平均风廓线的方法，第一种是向量统计，第二种是标量统计，两者在理论上有着同样的效果，但是基于向量统计的方法，也就是 U 风 V 风的统计方法，通常存在一个问题，即由于风场的波动，会导致 U 风 V 风产生相反的方向，从而导致风速在统计过程中抵消，使得平均风速被低估。在这里，选择基于标量的统计方法。

分两步进行平均时间序列的风廓线：第一步对每个时间序列的风场高度进行平均，生成时间平均风廓线；第二步采用指数权重法对时间平均风廓线进行平均。

1. 风场时间平均

首先，计算时间平均风速。平均风速及其不确定性分别由式（4-13）和式（4-14）确定。

$$\overline{W(Z_j)_t} = \frac{1}{N}\sum_{i=1}^{N}W(Z_{ji}) \tag{4-13}$$

$$\sigma(W_{Zj})_t = \sqrt{\frac{1}{N-1}\sum_{i=1}^{N}\left[W(Z_{ji}) - \overline{W(Z_j)_t}\right]} \tag{4-14}$$

式中　N——平均风速所平均的数据条数；

　　　Z_{ji}——第 i 时刻，Z_j 高度；

$W(Z_{ji})$——第 i 时刻，Z_j 高度的风速；

　　　i——第 i 时刻序列；

　　　t——平均时间。

然后，计算风向的平均值。风向分布服从包裹正态分布，因此引入包裹正态分布来确定平均风向及其不确定性，包裹正态分布概率密度见式（4-15）。

$$f(\mu|\theta,\sigma) = \frac{1}{\sqrt{2\pi}\sigma}\sum_{\kappa=1}^{\infty}\exp\left[\frac{-(\theta-\mu+2\pi k)^2}{2\sigma^2}\right], \quad 0 \leqslant \theta \leqslant 2\pi \tag{4-15}$$

式中　θ——风向；

　　　k——圈数；

μ——期望；

σ——标准差。

因为风向在 $0\sim2\pi$，所以令 κ 等于 0，风向的不确定性见式（4-16）。

$$\sigma(\theta_{Z_j})_t = \sqrt{\ln(\rho_{Z_j}^2)} \tag{4-16}$$

式中 $\rho_{Z_j}^2 = (\overline{\cos\theta_{Z_j}})^2 + (\overline{\sin\theta_{Z_j}})^2, \overline{\cos\theta_{Z_j}} = \dfrac{1}{N}\sum_{i=1}^{N}\cos\theta_{Z_{ji}}, \overline{\sin\theta_{Z_j}} = \dfrac{1}{N}\sum_{i=1}^{N}\sin\theta_{Z_{ji}}$；

ρ——风场矢量。

在此步骤中，根据误差原理，由式（4-17）评估由时间平均引入的风速不确定性 σ_{W_t} 和风向不确定性 $\sigma_{\theta t}$。

$$\sigma_{W_t} = \sqrt{\sum_{j=1}^{M}[Q_{Z_j}\cdot\sigma(W_{Z_j})_t]^2}, \quad \sigma_{\theta t} = \sqrt{\sum_{j=1}^{M}[Q_{Z_j}\cdot\sigma(\theta_{Z_j})_t]^2} \tag{4-17}$$

式中 Q_{Z_j}——权重函数。

2. 风廓线平均

在时间平均之后，下一步是根据 NO_x 浓度的指数分布对第一步获得的数据进行平均，在 Z_j 高度处的权重函数 Q_{Z_j} 见式（4-18）。

$$Q_{Z_j} = \frac{\exp(-Z_j/Z_0)}{\sum\limits_{j=1}^{M}\exp(-Z_j/Z_0)} \tag{4-18}$$

则最终平均风速 $\overline{W_Z}$ 和平均风向 $\overline{\theta_Z}$ 见式（4-19）。

$$\overline{W_Z} = \sum_{j=1}^{M}[Q_{Z_j}\cdot\overline{W(Z_j)_t}], \overline{\theta_Z} = \sum_{j=1}^{M}[Q_{Z_j}\cdot\overline{\theta(Z_j)_t}] \tag{4-19}$$

Z_0 为换算高度，假设夏季为 500m，冬季为 300m，春季和秋季的平均值为 400m。选择的 Z_0 是一个粗略的估计，但对平均风场的影响很小。

在这一步中，风场的垂直分布不均匀性会引入不确定性。根据统计理论，风廓线的风速不确定性 σ_{WZ} 和风向不确定性 θ_{WZ} 见式（4-20）。

$$\sigma_{WZ} = \sqrt{\sum_{j=1}^{M}[Q_{Z_j}(\overline{W_Z} - \overline{W(Z_j)_t})]^2}, \theta_{WZ} = \sqrt{\sum_{j=1}^{M}[Q_{Z_j}(\overline{\theta_Z} - \overline{\theta(Z_j)_t})]^2} \tag{4-20}$$

因此，风速和风向的总不确定度 σ_W 和 σ_θ 见式（4-21）。

$$\sigma_W = \sqrt{\sigma_{WZ}^2 + \sigma_{W_t}^2}, \sigma_\theta = \sqrt{\sigma_{\theta Z}^2 + \sigma_{\theta t}^2} \tag{4-21}$$

4.2.3 ［NO_x］/［NO_2］比例获取及 NO_x 排放计算

针对面源 NO_x 排放通量的观测，通常分为两步获取 NO_x 的排放通量。第一步是计算获得 NO_2 的排放通量，第二步是根据获取的平均［NO_x］/［NO_2］比例和平均寿命对 NO_2 排放通量进行校正，获得 NO_x 排放，［NO_x］/［NO_2］比例通常为整个区域的平均值，可由定点观测平均值或者模型模拟得到。对于近地面无密集排放源的情况来说，可以将点式仪器搭载在车载 DOAS 上，对走航沿线的 $[NO_x]/[NO_2]$ 比进行实时测量，而后使用每一个测量的 $[NO_x]/[NO_2]$ 比计算 NO_x 排放。

根据点式仪器测量的 NO 和 NO_2 气体浓度计算 $[NO_x]/[NO_2]$ 的比，第 i 次 $[NO_x]/[NO_2]$ 的比见式（4-22）。

$$R_{NO_{xi}} = \frac{NO_{xi}}{NO_{2i}} = \frac{NO_{2i} + NO_i}{NO_{2i}} = 1 + \frac{NO_i}{NO_{2i}} \qquad (4-22)$$

式中　　NO_{xi}——第 i 次 NO_x 浓度；

NO_i 和 NO_{2i}——第 i 次测量的 NO 点浓度和 NO_2 点浓度。

但是 NO_x 排放通量计算方法需要稍做调整。

第一步，将反演得到 NO_2 的 VCD 根据 $[NO_x]/[NO_2]$ 校正为 NO_x VCD，第 i 次测量的 NO_x VCD 见式（4-23）。

$$VCD_{NO_{xi}} = R_{NO_{xi}} \cdot VCD_{NO_{2i}} \qquad (4-23)$$

$VCD_{NO_{2i}}$ 为第 i 次测量的 NO_2 垂直柱浓度。第二步，根据通量模型计算 NO_x 排放通量，NO_x 排放通量见式（4-24）。

$$F_{NO_x} = c_\tau \sum_i VCD_{NO_{xi}} \cdot W \cdot (\cos\theta_{siy} - \sin\theta_{six}) \qquad (4-24)$$

式中　　c_τ——NO_x 寿命校正系数；

W——平均风速；

θ——平均风向；

s_{ix}、s_{iy}——第 i 次测量时的汽车行驶向量。

4.3　北京 NO_x 排放测量研究

北京大部分的 NO_x 排放可以归因于道路车辆。由于交通管制政策的实施，2011～2014 年和 2015～2016 年车辆 NO_x 排放通量均有所下降。然而，汽车 NO_x 排放占大气污染物总排放量的比例却在逐年增加（2017 年接近 85%）。因此，选择北京作为典型对象进行观测研究，重点研究面源 NO_x 排放测量的风场获取及统计，并应用平均风场计算排放通量，分析风场及其不确定性对面源 NO_x 排放测量的影响。

4.3.1　实验概述及实验仪器

选择北京二环路、三环路、四环路、五环路进行 NO_x 排放测量，这些环路到市中心平均距离分别为 4.5km、7km、10km 和 15km。选择两套相同的车载 DOAS 和风廓线雷达进行协同测量，使用 DOAS1 和 DOAS2 标记这两台车载 DOAS，三环路、四环路用 DOAS1 测量，其余用 DOAS2 测量。

因为北京有很多高楼可以直接作用于太阳光的散射或反射，会影响 AMF 的计算，导致 AMF 无法准确估计。

在本实验中，采用 McArtim 模型模拟确定对流层 AMF_{trop}。对不同 SZA 和不同气溶胶情景下的 AMF_{trop} 进行了模拟。北京市的环境监测站（东四站、奥体站、古城站和万柳站）NO_2 平均浓度为 43ppb。AMF 模拟结果表明，AMF_{trop} 在 $1.05\sim1.4$，SZA 和气溶胶浓度越高，AMF_{trop} 越大。由于在大部分测量时间内 SZA 小于 $45°$，选取了一个典型的 AMF_{trop} 值 1.15，误差为 ±0.1。

北京市中心城区的高层建筑对风场影响较大，不能随机选取风场观测地点。选取北京综合气象实验观测站（116.466°N，39.796°E）测量风场数据。

实验中选用的是方舱边界层风廓线雷达。风廓线雷达可以测 5km 高度的风廓线，高度分辨率为 50m，时间分辨率为 2min。由于 1km 高度的风廓线满足需求，因此只测量了 1km 高度的风廓线。

4.3.2　反演对比

由于首次使用 2 个车载 DOAS 系统来测量面源 NO_x 排放通量，为确保测量质量，进行两次反演对比。

首先测试两个车载 DOAS 系统的反演齐次性。2018 年 4 月 14 日，将 2 台 DOAS 仪器置于同一台车上，对河北省邯郸市某工业园区进行 NO_2 测量。2 台 DOAS 时间分辨率设置为 10s，并同时测量。2 台仪器的相关系数 R^2 为 0.976。高的反演齐次性表明，利用 2 台 DOAS 协同测量面源排放通量是有效的。

其次是确保车载 DOAS 的性能，由于反演的齐次性得到了保证，因此只需要将其中一台车载 DOAS（DOAS1）与另一台仪器进行比较。选用位于北京南郊观测站大楼（116.468°N，39.798°E）屋顶的地基 MAX-DOAS 进行对比。4 月 16 日，车载 DOAS 和 MAX-DOAS 一起测量的 2 台仪器的时间分辨率为 10s，并同时测量 NO_2。相关系数 R^2 为 0.932，吻合良好。结果表明，两个车载 DOAS 系统能实现良好的协同测量。

R_{NO_x} 对气象条件、其他痕量气体和排放源敏感。由于道路上行驶的车辆大量排放 NO，消耗大量 O_3，因此 R_{NO_x} 对排放源高度敏感。这可能会导致大量的 O_3 消耗，进而导致接近地表的 $[NO_x]/[NO_2]$ 比升高，同时，不同高度的 O_3 分布并不相同，不同高度的 $[NO_x]/[NO_2]$ 比也不一样，使用不同高度的平均 R_{NO_x} 值十分必要，地面测量的 R_{NO_x} 应谨慎使用。从欧洲中期天气预报中心（ECMWF）CAMS 模式模拟不同高度下 NO_2 和 NO 并计算平均 R_{NO_x} 是一种可行的方法。

在城市地区，大气中 NO_x 在不同季节的寿命变化范围为 $3\sim12h$。在大城市测量中，当风速很低（<1m/s）时，NO_x 的寿命修正对寿命很敏感，因为 NO_x 的衰

减是一个寿命指数函数。然而，当风速大于 1m/s 时，精确的寿命校正不是很敏感，本研究平均风速均在 1.5m/s 以上，同时假设城市 NO_x 在春季的平均寿命约为 5h。还应该指出的是，面源测量一般是对总 NO_x 排放的 NO_x 寿命修正。由于北京市四环路、五环路内 NO_x 排放较强，故对四环路、五环路内 NO_x 流入、流出寿命修正不明显。总流量修正与进出流量修正之间存在 5%～11% 的差异。当内流和外流之间的差异很小时，对 NO_x 内流和外流的寿命校正是重要的。二环路和三环路 NO_x 的流入和流出量之间的差异相对较小，同时二环路、三环路的空间尺度相对较小，NO_x 流入和流出的寿命修正对总 NO_x 排放的影响较小。因此，对四环路和五环路的 NO_x 流入和流出进行了寿命修正。

4.3.3　实验结果

1. 平均风场

使用上节中描述的统计方法，首先计算时间平均风场来生成相应的风廓线。然后，求时间平均风廓线的平均值。2018 年 4 月 18 日、20 日、24 日、25 日、26 日平均风场及其不确定性如表 4-1 所示。利用表 4-1 的平均风场计算了 NO_x 排放通量。

2018 年 4 月 18 日、20 日、24 日、25 日、26 日平均风场
及其不确定性　　　　　表 4-1

日期	环路及测量时间 （北京时间）	平均风速及其 不确定性（m/s）	平均风向及其 不确定性（°）
4 月 18 日	二环路（12：40～13：27）	2.325±0.643	55.644±17.039
	三环路（12：03～13：11）	2.285±0.638	64.176±13.735
	四环路（9：39～11：24）	1.738±0.501	70.651±17.302
	五环路（9：27～11：56）	1.736±0.494	67.317±14.497
4 月 20 日	二环路（13：18～14：32）	2.905±0.779	68.607±15.859
	三环路（12：01～13：21）	3.553±0.959	64.944±13.220
	四环路（9：33～11：21）	3.423±0.919	61.889±20.926
	五环路（9：24～12：22）	3.501±0.942	60.662±14.265
4 月 24 日	二环路（11：24～12：15）	2.183±0.551	255.665±13.897
	三环路（9：56～11：03）	2.721±0.704	260.323±20.409
	四环路（11：09～12：47）	1.973±0.512	254.457±13.760
	五环路（9：41～11：03）	2.830±0.737	260.666±21.051
4 月 25 日	二环路（13：19～14：07）	2.826±0.730	44.126±8.448
	三环路（12：28～13：36）	2.621±0.676	43.218±9.216
	四环路（11：03～12：26）	1.956±0.545	41.982±21.501
	五环路（9：58～12：28）	2.140±0.582	45.945±19.045

日期	环路及测量时间 （北京时间）	平均风速及其 不确定性（m/s）	平均风向及其 不确定性（°）
4月26日	二环路（12：08～13：30）	1.912±0.506	273.920±17.226
	三环路（11：36～13：10）	1.537±0.413	276.556±15.009
	四环路（9：42～11：32）	1.686±0.459	254.230±14.349
	五环路（9：33～11：53）	1.571±0.431	254.648±14.211

2. NO_2 的 VCD

在确定 NO_2 的 VCD 后，利用 GPS 数据绘制出整体 NO_2 的 VCD 空间分布。结果表明，NO_2 的 VCD 的大小为 $1.38 \times 10^{15} \sim 8.00 \times 10^{16}$ molec. $/cm^2$。NO_2 的 VCD 与交通流量和交通堵塞有很强的关系，所以较高的 NO_2 的 VCD 沿测量路线的分布没有明显的规律，这会影响排放通量误差的估计。

3. 车载 DOAS 和 TROPOMI 对比

利用车载 DOAS 和 TROPOMI 对 NO_2 的 VCD 进行对比校验。对无明显排放源的地方，在卫星过顶时间的 2h 内，地面观测可以与卫星产品进行比较。由于北京地区移动源较多，这里使用过顶 1h 内的车载 DOAS 对流层 NO_2 的 VCD 进行对比。两个数据集基本一致。

4.3.4 数据分析

1. NO_x 排放通量误差来源

NO_x 排放通量误差主要来自 VCD、风速、风向、车辆位移、$[NO_x]/[NO_2]$ 比值以及寿命测量误差或不确定度，在此不考虑探测误差的影响。NO_x 排放通量误差见式（4-25）。

$$\Delta F_{NO_x} = \sqrt{\Delta F_{RNO_x}^2 + \Delta F_{c\tau}^2 + \Delta F_{VCD}^2 + \Delta F_s^2 + \Delta F_\theta^2 + \Delta F_w^2} \tag{4-25}$$

式中　　ΔF_{RNO_x}——$[NO_x]/[NO_2]$ 比不确定性引起的 NO_x 通量误差，假设 $[NO_x]/[NO_2]$ 的不确定度约为 ± 0.1；

$\Delta F_{c\tau}$——NO_x 大气寿命不确定性引起的通量误差，在这里假设 NO_x 大气寿命不确定度为 $\pm 1h$；

ΔF_{VCD}——NO_2 的 VCD 误差引起的 NO_x 排放通量误差；

ΔF_s——汽车位移测量误差引起的 NO_x 排放通量误差，汽车位移由 GPS 记录，GPS 误差 $\pm 1.5m$；

ΔF_w 和 ΔF_θ——由风速不确定性和风向不确定性引起的排放通量误差。

2. NO_x 排放通量及其误差

这项研究的目的之一是在短时间内获得良好空间覆盖的大城市 NO_x 排放通量。

利用测量不同环路的 NO_x 排放通量值可以为北京市道路车辆污染排放提供有用和详细的信息。

在测量期间，北京二环路的 NO_x 排放通量为（0.30±0.51～1.53±0.75）× 10^{24} molec./s；北京三环路的 NO_x 排放通量为（2.60±0.95～4.21±1.42）molec./s；北京四环路的 NO_x 排放通量为（5.01±3.43～18.22±6.82）× 10^{24} molec./s；北京五环路的 NO_x 排放通量为（19.29±4.26～36.46±12.86）× 10^{24} molec./s。五环路 NO_x 排放通量平均值约为 26.89× 10^{24} molec./s。在低风速（<3m/s）下，与 Li 等测量值相比，高了很多。

NO_x 排放通量从二环路到五环路总体呈上升趋势，这表明，五环路内其他来源（主要是道路车辆排放）排放的 NO_x 很少。由于交通条件每天都在变化，不同环路的 NO_x 排放通量每天也都在变化。例如，五环路 4 月 18 日的 NO_x 排放通量为 36.46× 10^{24} molec./s，4 月 26 日的 NO_x 排放通量为 34.74× 10^{24} molec./s，4 月 20 日的 NO_x 排放通量为 20.63× 10^{24} molec./s，4 月 24 日的 NO_x 排放通量为 19.29× 10^{24} molec./s，4 月 25 日的 NO_x 排放通量为 23.35× 10^{24} molec./s。其他环路在不同日期测量时也显示出这一特点。表明道路车辆的大量 NO_x 排放可能会给中国特大城市 NO_x 排放的准确测量带来额外的挑战。

三环路和四环路之间 NO_x 排放通量存在差异。4 月 18 日，三环路、四环路 NO_x 排放通量分别为 2.74× 10^{24} molec./s、13.01× 10^{24} molec./s，四环路的 NO_x 排放通量要比三环路的 NO_x 排放通量高。而在 4 月 20 日，三环路和四环路的 NO_x 排放通量值为 4.22× 10^{24} molec./s 和 4.10× 10^{24} molec./s，四环路的 NO_x 排放通量略低于三环路的 NO_x 排放通量。NO_x 排放通量值的差异可以归因于道路车辆的数量。造成车辆数量不同的直接原因是测量时间段不同，一个潜在的问题是，车辆数量的差异背后可能有一个间接原因，即不同时段的道路车辆数量受市民工作场所、城市办公区域聚集规模、商业风格等因素的影响。因此，对城市 NO_x 排放通量进行详细研究，可以为中国城市化进程提供重要信息。

3. 对风场不确定性的敏感性

敏感性是研究自变量变化率（风速或风向不确定性）与因变量变化率（风速或风向不确定性导致的排放通量误差）之间的关系。

点源/工业园排放源的车载 DOAS 测量特征表明，高 VCD 值应该出现在下风向，并且测量的高值 VCD 分布大致垂直于风向，然而，道路车辆尾气排放 NO_2 的 VCD 不同，VCD 高值分布不仅与风场有关，而且与交通堵塞和交通流有关。五环路的高值 VCD 有三个分布区域，三环路的高值 VCD 有两个分布区域。显然，由于排放通量误差不同，这些高 VCD 对排放通量的影响不同，这一现象可能对风向产生不同的敏感性，进一步说明道路车辆排放测量的 NO_x 排放对风场高度敏感，因此，需要更精确的风场数据。

由于排放通量误差对风场的不确定性非常敏感，使用粗略测量的风场时，排放通量误差可能会明显增加，对于粗略测量的风场，风速和分析不确定性粗略估计分别为±1m/s和±20°，粗略测量的风场的排放通量误差增加7%～50%。这表明在实验中使用风廓线雷达是一个优势。

4. 对其他因素的敏感性

在第4.1.2小节中，我们确定了排放通量误差对风场不确定性高度敏感，还应讨论对其他误差源的敏感性。

由于NO_x衰变是一个寿命指数函数，NO_x排放通量对NO_x大气寿命不确定性不是很敏感。即使大气寿命不确定性为±2h，其不确定性贡献$R_\tau^2 < 0.15$，仍然不是主要误差来源。VCD误差由SCD反演误差和AMF误差确定，当排放通量计算中包含VCD数据时，VCD误差对排放通量误差的影响很小。因此，对于面源测量，排放通量误差对VCD的误差性不敏感。

$[NO_x]/[NO_2]$比值直接影响NO_x排放通量修正，因此，NO_x排放通量误差可能对该比率的不确定性敏感，重点分析当误差源超过误差分配时会发生什么。为了简单起见，使用R^2来表示敏感性，重点分析了五环路的测量值。当$[NO_x]/[NO_2]$比不确定性>0.4时，$[NO_x]/[NO_2]$比不确定性R^2保持在0.5以上。当$[NO_x]/[NO_2]$比不确定性≤0.4时，排放通量误差对风场不确定性不再敏感，这说明$[NO_x]/[NO_2]$比的测量十分重要。

上述分析给出了排放通量误差分配以及排放通量误差敏感性与风场不确定性之间的关系。结果表明，风场的不确定性是北京环路排放通量误差的主要来源。在某些情况下，NO_x排放通量误差对风速不确定性和风向不确定性都非常敏感，这些不同的敏感性是由交通流和交通堵塞引起的。本研究在前人研究的基础上对已有发现进行了扩展，提高了认知。研究还进一步表明，风场的信息是至关重要的，实时的风场信息为测量大城市的排放通量带来了巨大的优势。

4.4　工业园区的NO_x和SO_2排放遥测研究

工业园区的NO_x和SO_2主要在多个高架点源排放，一般采用闭环积分法测量，以避免外部情况干扰。不同工业园区的车载DOAS的NO_x和SO_2测量基本类似，这里选取一个工业园区展开研究。

4.4.1　实验概述

在2018年9月10日至11日，选取了日照某钢铁工业园区在上午10点至12

点进行了测量。实验选取了车载 DOAS 进行观测，根据该工业园区周围的道路状况进行了闭合测量。根据该化工园区周围道路情况，选择了周围道路进行封闭式观测，烟囱排放口到观测道路平均距离＞800m。由于此次观测范围较大，且单次观测持续时间较长（约 1h），使用探空气球测量风向并不合适，同时，日照气象观测站点仅提供了 3h 的平均风场，并不适用于本次实验。

选用欧洲中期天气预报中心的 CMAS 模型模拟的风场进行 NO_x 排放通量计算，风场分辨率可达 $0.125° \times 0.125°$，符合本次观测范围覆盖要求。需要注意的是，此次的风向根据 VCD 的位置判断得出，而不是模型模拟的结果。

4.4.2　NO_2 和 SO_2 的 VCD 反演及分布

使用本书第 2 章描述的相关反演算法获取了汽车走航沿线的 NO_2 和 SO_2 的 DSCD 分布。

由于该工厂的烟囱多在 100m 以上，在经过烟羽抬升和长距离的扩散后，烟羽高度接近 150m，因此需要对测量的 DSCD 进行 AMF 校正，校正的 NO_2 的 VCD 空间分布结果显示，在下风向路段发现了较高的 NO_2 和 SO_2 VCD，其最高值达到了 1.6×10^{17} molec. $/cm^2$。在 9 月 10 日的 Round2 测量中，风向发生了偏转，对 NO_x 和 SO_2 排放通量测量存在一定的影响，这点将在后面进行讨论。

4.4.3　NO_x 和 SO_2 排放通量及误差

由于 NO_2 和 SO_2 VCD 进行了 AMF 校正，因此 NO_2 的 VCD 引入了 AMF 不确定性，其校正相对不确定性为 $\pm 10\%$，因此 VCD 误差相对天津观测结果有所增加。由于此次使用的风场为 CAMS 模拟的风场，风向的不确定性为 ± 1m/s，风向的不确定性为 $\pm 14°$。

在分析了误差源及其误差后，代入数据计算了观测期间该钢铁工业园的 NO_x 和 SO_2 排放通量及其测量误差，除 9 月 10 日的 Round2 测量的 NO_x 和 SO_2 排放通量偏低外（NO_x：3.95×10^{24} molec. /s，SO_2：6.21×10^{24} molec. /s），其他 3 组测量的 NO_x 排放通量为 $(9.65 \sim 10.74) \times 10^{24}$ molec. /s、SO_2 为 $(8.54 \sim 12.36) \times 10^{24}$ molec. /s，NO_x 排放和 SO_2 排放均较高，这是典型的工业排放。在前面提到，在 9 月 10 日的 Round2 观测中，风向相对 9 月 10 日的 Round1 发生了较大角度的偏转，这导致测量的 NO_x 排放通量出现了较大的变化，进而表明，车载 DOAS 在测量排放通量时，风场不能发生太大变化，这与天津实验的分析结果基本一致。

与天津实验类似，同样计算了 NO_x 和 SO_2 测量的相对误差。不同的是，此次 NO_x 排放通量测量相对误差在 $21\% \sim 38\%$、SO_2 在 $21.08\% \sim 36.71\%$。由此可见，虽然工业园区属于多点源，但车载 DOAS 的面源 NO_x 和 SO_2 测量误差较点源高，主要是因为面源观测时间长，导致观测期间的风场影响是系统性的，所以对于工业园区的测量重点在于准确风速的获取。

同时，进行了误差分析。工业园区观测的主要误差来源为风速的不确定性，是因为模型的风速不确定性相对实时观测风速要高，这就导致了此次观测的风速不确定性占比最高。工业园区的排放本质为多点源排放。当风向不稳定时，风向对 NO_x 的排放与测量误差相对增加，因此稳定的风场对车载 DOAS 的工业园区观测十分重要，尤其是对风速的观测。

附录 车载光学遥测系统监测区域污染面源技术导则

前言

本导则主要用于指导北京市科技计划课题"基于车载光学遥测技术的北京及京津冀大气面源污染源排放特征研究"的光学立体监测，并可推广至环境监测部门。

本导则制定了利用光学立体监测数据耦合风场获取区域大气面源污染源排放的技术方法。对大气面源污染源排放监测的一般要求、大气面源污染源监测仪器及监测方式、监测数据及风场数据的处理方法、监测的质量保证与控制做了相应的规定。

1 适用范围

排放通量监测。

2 规范性引用条件

下列文件中的条款通过本标准的引用而成为本标准的条款。凡是注日期的引用文件，其随后所有的修改单（不包括勘误的内容）或修订版均不适用于本标准，然而，鼓励根据本标准达成协议的各方研究是否可使用这些文件的最新版本。凡是不注日期的引用文件，其最新版本适用于本标准。

　　HJ 492　　　　空气质量　词汇

　　GB/T 8170　　数值修约规则与极限数值的表示和判定

3 术语和定义

3.1 排放通量

本导则中指利用车载光学遥测系统获取的污染气体垂直于监测截面的单位时间单位面积上通过的积分质量。

3.2 大气污染源

造成大气污染的污染物发生源。

［空气质量　词汇］

3.3 点污染源

点污染源是指可获取固定排放位置及活动水平的排放源。

［生物质燃烧源大气污染物排放清单编制技术指南（试行）］

3.4 面源污染源

面源污染源以往定义较多，详见附录 A。本导则中面源污染源指关注区域范围内，对外存在污染气体排放的单位区块，在基于车载污染气体光学遥测中，一般体现为由道路围成的如厂区、工业区、城区等。

3.5 车载光学遥测系统

本导则中指以自然光（如太阳光）为光源，在移动平台上利用车载光学遥测系统对污染源排放气体进行扫描测量，得到污染气体空间分布及排放的一种光学遥测技术。

3.6 气体柱浓度

本导则中指气态污染物浓度和大气中光的有效传输路径长度的乘积。

3.7 监测截面

本导则中指监测车垂直污染气团移动观测形成的切面。

3.8 测风雷达

用于测量高空风向、风速的雷达。

〔大气科学辞典〕

3.9 探空气球

把无线电探空仪带到高空进行温、压、湿、风观测的气球。

〔大气科学辞典〕

3.10 气象数值模拟

是数值求解所研究的大气现象的物理—数值模式；是在某种近似下由该现象应遵循的物理规律得出的数学方程，是连同相应的边界条件及数值解法构成该现象的数值模式。

〔大气科学辞典〕

3.11 中/小尺度气象数值模式

中尺度：数十公里至数百公里水平范围。

小尺度：数公里水平范围。

3.12 数值模式水平分辨率

是气象数值模式水平网格点的网格间距。

是数值模式精确程度的重要标志，网格间距越小，模式分辨率越高，模拟结果更为细致；但同时运算量会大幅增加，限制可模拟的范围大小。

〔大气科学辞典〕

3.13 三维网格化风场

是数值模拟时，将关注区域划分成立体的三维网格点阵，各网格点均有风向、风速数据。

〔大气科学辞典、学术文库〕

4 一般性要求

4.1 适宜监测的气象条件

天气条件是影响大气环境监测的重要因素。在监测开展前，应结合观测区域的天气预报信息，按照附表 1-1 选取适宜监测日期，保障污染监测有效开展。

适宜观测的气象条件 附表 1-1

气象要素	适宜范围
风速	1～4m/s
风向	观测时段内，观测区域的风向稳定 （需考虑上下午风向的转变）
天气现象	晴；多云；阴 （能见度＞5km；避免雨雪、大风、重霾天气）

4.2 监测条件

监测区域具有可供车辆行驶的道路。

车载光学遥测系统在符合本导则 4.1 条件下采集时间小于 20s 时，可认定当日适宜车载光学遥测系统测量。

5 监测方法

5.1 监测路线选择原则

5.1.1 点源监测路线

对于点源排放监测，当所监测的点源上风向没有监测项目以外的污染源，并且下风向观测时能够完整包含污染气团时，则车载光学遥测系统原则上只需在点源的下风向扫描测量即可。如果在点源上风向存在其他的污染源，则必须进行围绕测量。这些根据监测期间的风场情况、周边污染源和道路情况而定。此外，尽量保证在测量路线的上空无遮挡物，例如树枝、隧道、高架桥等。

5.1.2 区域面源监测路线

对于区域面源排放监测，车载光学遥测系统依据待测区域内实际路网分布，在保证监测时间最短、路线覆盖最完整的前提下，尽可能密集测量路线（包括围绕、穿插待测区域）。针对区域内已知或疑似存在的污染源周边，建议加密观测路线。此外尽量保证在观测路径上空无遮挡物，例如无树枝、高架桥等。

5.2 监测车行驶速度选择

5.2.1 点源排放监测

车载光学遥测系统对点源污染物排放通量进行监测时，车辆在道路上的行驶速度，应控制在 30～40km/h。

5.2.2 区域面源排放监测

对于区域面源排放监测，根据道路状况、天气以及待测区域大小情况，采用车载光学遥测系统进行封闭测量时，以 1h 内完成区域单次测量为佳，若单次测量时间过长，为了减小由于风场变化及污染气体转化带来的误差影响，推荐采用多台车载设备组网观测，区域面积对应的推荐车辆台数见附表 1-2。

区域面积对应的推荐车辆台数   附表 1-2

监测区域面积（km²）	推荐监测车数（辆）
30	1~2
60	2~3
90	3~4
……	……

5.3 监测过程中风场数据获取

风场数据是计算污染物排放通量的关键信息，数据质量直接影响排放通量计算结果的可信度。

数据要求：三维网格化风场数据；水平分辨率 200~1000m，垂直高度覆盖 3000m。

获取方法：气象数值模拟结合气象观测。

气象数值模式选择：中/小尺度气象数值模式。

气象观测数据来源：地面气象站、探空观测、测风雷达等。

数据结果：监测区内优化的三维网格化风场数据。

5.4 监测过程中其他参数获取

车载光学遥测系统对污染源排放通量进行监测时，可以获取每个采样间隔的经纬度、车速以及每个测量点的污染气体柱浓度。

6 数据处理

6.1 监测数据处理

车载光学遥测系统对污染源排放通量进行测量时，系统采集监测路径上经纬度、车速、航向信息，并通过多次国际对比验证的差分吸收光谱算法计算各采样点的污染气体柱浓度，耦合由气象模型输出的测量时间内监测区域各网格点的风向和风速，由车载光学遥测系统软件计算每个网格对外的排放通量 $Q_{(i,j)}$，区域总排放量 $Q_{总}$ 由式（6-1）给出，监测通量误差见附录 B。

$$Q_{总} = \sum_j Q_{(i,j)} \tag{6-1}$$

6.2 监测记录及要求

监测人员应及时准确记录各项监测条件及参数，监测记录内容应完整、字迹清晰、书写工整、数据更正规范。排放通量监测记录表见附表 1-3。

7 质量保证与控制

7.1 车载光学遥测系统

车载光学遥测系统对车辆无特殊要求，车辆有水平车顶便于仪器安装且能够提供 220V 供电即可。

_____市（县）_____区域 污染物_____天气_____单位：g/s

监测区域 监测次数	子区域 1	子区域 2	……	子区域 m
第 1 次				
第 2 次				
……				
第 n 次				
平均排放通量				

采用车载光学遥测系统对污染物排放通量进行监测前，在实验室采用装有已知浓度气体的石英样品池对系统进行标定，达到测量需要。

对污染物排放通量进行监测时，按照本导则 4.1、4.2 条内容合理安排测量，并依据本导则 5.1 监测路线选择原则选择好测量路线，由本导则 5.2 条要求指导选择合理车速开展观测。

数据处理人员利用监测数据，包括污染气体垂直柱浓度、车速、车辆行驶方向，代入气象模型获取合适风向、风速信息，计算区域污染物排放通量。

监测结束后，对监测仪器做好日常检查和维护，保证仪器处于良好的状态。

7.2 质量保证管理

从事区域空气质量监测的机构应设置相应的质量保证管理部门，如质量保证室（组），配备专职（或兼职）质量控制人员，负责组织协调、贯彻落实和检查有关质量保证措施，使监测全过程处于受控状态。

8 监测安全

监测过程中，遵守道路交通法规，如若车辆出入危险区域，须做好人员防护。路况不佳路段须尽量保证车辆行驶平稳。车载光学遥测系统安装在车辆顶部，须确保系统安装稳定，同时对监测设备要定期检查，保证监测工作的顺利进行。

导则附录

附录 A
污染源定义说明

A.1 大气污染源

大气污染源，是指向大气排放足以对环境产生有害影响物质的生产过程、设备、物体或场所。它有两层含义：一方面是指"污染物的发生源"，另一方面是指"污染物来源"。

A.2 大气污染源分类

A.2.1 大气污染源按预测模式的模拟形式分为点污染源、面源污染源、线污染源、体污染源四种类别[1]。

点污染源：通过某种装置集中排放的固定点状源，如烟囱、集气筒等[2]。

面源污染源：在一定区域范围内，以低矮密集的方式自地面或近地面的高度排放污染物的源，如工艺过程中的无组织排放、储存堆、渣场等排放源[2]，如附表 A-1 所示。

面源污染源的定义及来源

附表 A-1

来源	标准、文件、文献	作者/发布单位	定义
面源污染源	《环境影响评价技术导则 大气环境》HJ 2.2—2018	生态环境部	在一定区域范围内，以低矮密集的方式自地面或近地面的高度排放污染物的源，如工艺过程中的无组织排放、储存堆、渣场等排放源
	《生物质燃烧源大气污染物排放清单编制技术指南（试行）》	环境保护部科技标准司组织，清华大学起草编制	是指难以获取固定排放位置和活动水平的排放源的集合，在清单中一般体现为省、地级市或区县的排放总量
	《上海大气面源 VOCs 排放特征及其对 O₃ 的影响》[3]	李锦菊、伏晴艳、吴迓名、陆涛、杨冬青	通常指污染物以广域、分散或微量形式进入大气环境中的废气污染物
	《珠江三角洲大气面源排放清单及空间分布特征》[4]	郑君瑜、张礼俊、钟流举、王兆礼	主要包括工业源、居民生活源、含可挥发性有机污染物（VOC）产品源、垃圾焚烧和生物质燃烧源。其中，工业源指烟囱几何高度低于 30m 的工业大气污染物排放和工业无组织排放；居民生活源是指居民家用燃烧产生的污染物排放源

线污染源：污染物呈线状排放或者由移动源构成线状排放的源，如城市道路的机动车排放源等[2]。

体污染源：由源本身或附近建筑物的空气动力学作用使污染物呈一定体积向大气排放的源，如焦炉炉体、屋顶天窗等[2]。

A.2.2 按污染源存在的形式划分为固定污染源和移动污染源[1]。

固定污染源

通常是指向环境排放或释放有害物质或对环境产生有害影响的场所、设备和装置。空气污染源包括固定污染源和流动污染源。固定污染源又分为有组织排放源和无组织排放源。有组织排放源指烟道、烟囱及排气筒等。无组织排放源指设在露天环境中的无组织排放设施或无组织排放的车间、工棚等。它们排放的废气中既含有固态的烟尘和粉尘，也含有气态和气溶胶态的多种有害物质[5]。

移动污染源

通常是指位置随时间变化的空气污染源。主要是指排放空气污染物的交通工具，如排放碳氧化物、氮氧化物、硫氧化物、碳氢化合物、铅化物及黑烟的汽车、飞机、船舶、机车等。

A. 2. 3 大气污染源按污染物排放时间划分为连续源、间断源、瞬间源[1]。

连续源

是指昼夜内每时每刻不间断地向环境排放污染物的污染源。工业企业生产过程的连续性造成了不间断地向大气环境排放有害气体即属于这类污染源。一般情况下，这类污染源排出的污染物排出负荷（污染物总量）随时间呈周期性变化，具有一定的随时间变化的规律。

间断源

是指昼夜间时断时续或呈季节性断续地向环境排放污染物的污染源。如昼夜间不连续生产的工业企业（特别是小型工厂）向环境中排放废气的排污口。地区或楼房建筑物取暖锅炉的烟囱等即为间断源。

瞬间源

是指向环境中排放污染的时间短暂的排污源，如工厂的事故排放或定期排污。一般情况下，这种污染源的污染具有突发性和污染浓度高的特点，极易造成环境危害，应采取相应措施减少其危害性。

A. 2. 4 大气污染源按污染物产生的类型划分为工业污染源、生活污染源、交通污染源[1]。

工业污染源

工业污染源是指工业生产过程中向环境排放有害物质或对环境产生有害影响的生产场所、设备和装置。它主要是由于事前没有考虑环境保护的要求，或者虽然考虑但在技术上或经济上存在一时难以解决的困难，因而没有采取相关措施或设立必要装置而形成的。工业生产中的各个环节，如原料生产、加工过程、燃烧过程、加热和冷却过程、成品整理过程等使用的生产设备或生产场所都可能成为工业污染源[6]。

生活污染源

生活污染源是指人类由于消费活动产生废水、废气和废渣造成环境污染。城市和人口密集的居住区是人类消费活动的集中地，是主要的生活污染源[7]。

交通污染源

交通污染源一般都是移动污染源，主要是各种机动车辆、飞机、轮船等排放有毒有害物质进入大气。由于交通工具以燃油为主，主要污染物为碳氢化合物、一氧化碳、氮氧化物和含铅污染物，尤其是汽车尾气中的一氧化碳和铅污染，据统计，汽车排放的铅占大气中铅含量的 97%。

其他污染源

燃料燃烧、工矿企业生产过程产生的尘、烟、废气、交通运输废气等。

参考文献：

[1] 蒋展鹏. 环境工程学 [M]. 3 版. 北京：高等教育出版社，2005.

[2] 中华人民共和国生态环境部. 环境影响评价技术导则　大气环境：HJ 2.2—2018 [S]. 北京：中国环境科学出版社，2018.

[3] 李锦菊，伏晴艳，吴迓名，等. 上海大气面源 VOCs 排放特征及其对 O_3 的影响 [J]. 环境监测管理与技术，2009，21（5）：54-57.

[4] 郑君瑜，张礼俊，钟流举，等. 珠江三角洲大气面源排放清单及空间分布特征 [J]. 中国环境科学，2009，29（5）：455-460.

[5] 程胜高. 固定污染源排气实用监测方法与技术 [M]. 北京：中国环境科学出版社，1997.

[6] 何盛明. 财经大辞典 [M]. 北京：中国财政经济出版社，1990.

[7] 黄安永，叶天泉. 物业管理词典 [M]. 南京：东南大学出版社，2004：307.

导则附录

附录 B

误 差 来 源

车载光学遥测系统对污染源排放通量进行监测的通量误差可由下式决定：

$$\Delta_{\text{total}} = \sqrt{\Delta_{\text{wind}}^2 + \Delta_{\text{DOAS}}^2 + \Delta_{\text{Vcar}}^2}$$

误差主要来源于采用 DOAS 方法的柱浓度反演误差（Δ_{DOAS}），车速误差（Δ_{Vcar}）以及风场误差（Δ_{wind}），其中风场的不确定性是最大的误差来源。

B.1 柱浓度反演及误差

根据被动 DOAS 的柱浓度反演原理，对采集的光谱进行处理，得到污染气体 SO_2、NO_2 的垂直柱浓度。对于 SO_2 拟合，拟合波长选择为 310～324nm，在这个波长内 SO_2 有三个强吸收峰。为了去除干扰，拟合过程中包含的截面有温度在 293K 时的 SO_2、NO_2、HCHO、O_3 截面以及 Ring 截面。Ring 截面是采用 DOASIS 软件，通过 Frauenhofer 参考谱计算得到。同理，对于 NO_2 拟合，拟合波长选择为 345～365nm，除了 SO_2 反演过程中包含的截面外，NO_2 还包括在温度 298K 时的 O_4 吸收截面（附表 B-1）。

测量光谱反演所需的吸收截面　　　　　　　　　　　　　　　　附表 B-1

截面	来源
O_4	Greenblatt et al.，(1990)@298K
SO_2	Bogumil et al.，(2003)@293K
NO_2	Bogumil et al.，(2003)@293K
O_3	Bogumil et al.，(2003)@293K
HCHO	Bogumil et al.，(2003)@293K
Ring	Calculation from Frauenhofer

利用高分辨率太阳光谱进行光谱波长定标后进行 SO_2、NO_2 柱浓度反演。附图 B-1 为 2011 年 10 月 16 日 12：35：02 的 SO_2、NO_2 拟合过程。

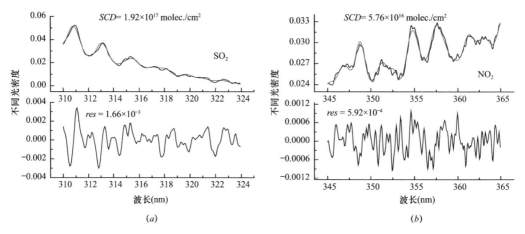

附图 B-1 SO_2、NO_2 拟合过程

由附图 B-1 光谱的拟合结果显示，SO_2 的 SCD 为（$1.92×10^{17}±6.56×10^{15}$）molec./$cm^2$，$NO_2$ 的 SCD 为（$5.76×10^{16}±1.53×10^{15}$）molec./$cm^2$。针对此条光谱 DOAS 的拟合误差为：$SO_2$ 3.41%，NO_2 2.66%。而针对测量路径上的所有光谱，SO_2 拟合误差小于 20%，NO_2 拟合误差小于 15%。

车载 DOAS 测量的 VCD 一般通过 AMF 几何近似得到。由几何近似可知，对流层 AMF 约为 $AMF_{trop}≈\dfrac{1}{\sin\alpha}$（$\alpha$ 为望远镜的观测仰角），由于车载 DOAS 的观测时间接近于中午时分（太阳天顶角最小），观测仰角为 90°，所以 $AMF_{trop}≈1$，有 $VCD≈SCD$。通过大气辐射传输模型计算可知，在测量时间段内测量点的 $AMF_{NO_2}>1$，$AMF_{SO_2}≈1$（附图 B-2）。因此，为了研究误差，以某次实验为例，通过大气辐射传输模型计算 AMF 来获取 NO_2、SO_2 的 VCD。

采用辐射传输模型计算 AMF 时，AMF 值依赖于 NO_2 和气溶胶廓线。为了估算 AMF 计算时带来的不确定性，通过设置不同气溶胶、NO_2 浓度来估算 NO_2、SO_2 的 AMF 不确定性（附图 B-2）。在测量过程中，测量点的平均边界层高约为 1km，气溶胶光学厚度范围为 0.2～1.2km（分别设置 0.2、0.5、0.8 和 1.2 四种气溶胶状况），气溶胶廓线设置 1km 以下为"盒子"状，1km 以上随指数衰减。由发电厂附近的点式监测仪器可知，测量过程中 NO_2 的混合比例最大、最小和中间值约为 64ppb、25ppb 和 46ppb；SO_2 的混合比例值约为 25ppb、45ppb、110ppb 和 140ppb。因为针对电厂排放烟羽的测量，假设 NO_2、SO_2 输入廓线为"盒子"状，在整个烟羽层高度内，NO_2、SO_2 浓度为由点式仪器获得的常数值。

由附图 B-2 知，在测量时间段内（太阳天顶角为 50°～60°）由于气溶胶和 NO_2

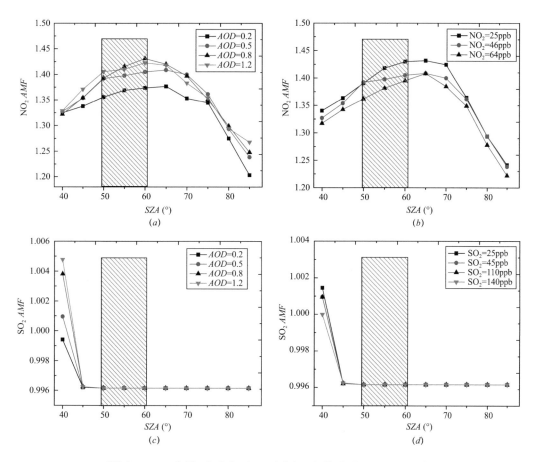

附图 B-2　不同气溶胶状况，不同痕量气体廓线下的 AMF 值

（方框阴影区域为测量车载 DOAS 测量时间段）

廓线造成的 $NO_2 AMF$ 不确定性约为 6%。而对于 SO_2 来说，$SO_2 AMF$ 在测量时间段内随太阳天顶角变化、气溶胶及 SO_2 的浓度变化较小，由此引起的 $SO_2\ AMF$ 不确定性相比于其他误差来说可以忽略。

B.2　车速的选择

在车载 DOAS 测量中，如果车速太快，采样频率较低，极易丢失烟羽排放中的浓度峰值点；如果车速过慢，排放出的污染气体会产生化学转换，烟囱口排放出的烟羽与实际测量不一致，同时排放的烟羽会有累积。因此合适的车速选择对准确估算排放通量具有重要影响，而车速在烟羽测量中的体现是在一定烟羽宽度下的采样点个数。估算不同采样点下发电厂 SO_2 排放量，并与发电厂在线监测数据（CEMS）对比，找出最佳采样点，结合测量时的烟羽宽度和积分时间，得出测量最佳车速。

在测量时间段内采用不同采样点对烟羽进行多次扫描测量，并且按照下式计算烟羽平均宽度。

$$w = \frac{\sum_{i=1}^{n} v_i \cdot s_i \cdot \Delta t_i}{n}$$

式中　n——扫描测量烟羽的次数；

　　　v_i——车速；

　　　s_i——每次测量的采样点个数；

　　　Δt_i——采样间隔时间。

由上式计算的烟羽宽度以及最佳采样个数、最佳车速如附图 B-3 所示，由图可知测量时间段内最大烟羽宽度约为 1.28km±0.07km，最小烟羽宽度约为 0.53km±0.11km。将不同测量次数下（具有不同的采样点）得到的发电厂 SO_2 排放量与 CEMS 在线监测数据对比，两者结果相差最小的为最佳采样点，由图中发现最佳采样点的个数随着测量烟羽宽度的变化而变化。结合每个测量日的烟羽平均宽度、最佳采样点及在最佳采样下的采样时间间隔，计算得到最佳车速平均值为 36.21km/h±5.44km/h。

附图 B-3　烟羽宽度、平均烟羽宽度、最佳采样个数、最佳车速

B.3　通量计算误差来源

通量计算误差的主要可控来源为：风场、斜柱浓度、AMF 和距离差（车速）。结合具体的测量数据来分析计算车载 DOAS 系统的通量误差。距离差主要是通过高精度的 GPS 获取，这种误差较小，为 1%。由上述分析得到在通量计算中最佳车速为 30～40km/h，所以由此得出车速的变化为 0.3～0.4km/h。而车速变化为 1km/h，通量变化为 2%～3%，因此 0.3～0.4km/h 变化的车速带来的通量计算误差约为 1%，即车载 DOAS 测量中车速带来的误差约为 1%。SO_2 的斜柱浓度带来

的误差小于 20%，NO_2 的斜柱浓度误差小于 15%；SO_2 的 *AMF* 误差几乎被忽略，NO_2 的 *AMF* 误差约为 6%。

附录 C
监测区域风场数据获取

C.1 气象数值模拟

C.1.1 中尺度模拟

数值模式：中尺度气象数值模式（WRF）

（1）气象初始场：NCEP FNL 数据（美国国家环境预报中心提供的 1°×1°全球再分析数据）。

（2）模拟过程：调试适用监测区域的参数化方案，滚动同化地面气象观测和探空数据，可进行多重嵌套。

（3）模拟结果：监测区内水平分辨率为 1km 的三维网格化风场数据。

C.1.2 小尺度模拟

数值模式：小尺度气象数值模式（CALMET）

（1）气象初始场：WRF 风场模拟结果。

（2）模拟过程：输入监测区域地形和下垫面资料，再利用计算流体力学模型和地面气象站点逐时观测数据对 WRF 风场结果进行精细化调整。

（3）模拟结果：监测区内水平分辨率为 200m 的三维网格化风场数据。

C.2 模拟结果订正

订正目的：进一步提高风场模拟结果的准确性。

订正方式：条件允许时，可采用测风雷达或探空气球等手段，在污染监测同时对区域内风场进行实时观测，获取监测区内不同高度风场的逐时定点观测数据；利用风场实测数据对模拟结果进行订正，获取更准确的风场数据。

订正方法：采用反距离权重法，对订正点周围网格的风场模拟数据进行插值订正。

加权函数：
$$W_i = \frac{h_i^{-p}}{\sum_{i=1}^{n} h_i^{-p}}$$

式中　p——幂参数，通常 $p=2$（0.5～3 均为合理数值）；

h_i——订正点到插值点的距离，$h_i = \sqrt{(x-x_i)^2+(y-y_i)^2}$，$(x,y)$ 插值点坐标，(x_i,y_i) 为订正点坐标。

精度要求：风场模拟结果中 U、V 分量的均方根误差小于 2.5m/s。

注意事项：监测区内至少布置 2 个以上风场观测点，作为数值模式订正点；观测点越多，风场订正结果越趋于实测风场结果。